Christiana Nicolai

Personal richtig auswählen

Christiana Nicolai

Personal richtig auswählen

2., vollst. überarb. Auflage

UVK Verlag München

Prof. Dr. Christiana Nicolai ist Professorin für Personalmanagement und Organisation an der Frankfurt University of Applied Sciences.

Bibliografische Information der Deutschen Bibliothek
Die Deutsche Bibliothek verzeichnet diese Publikation in der Deutschen Nationalbibliografie; detaillierte bibliografische Daten sind im Internet über <http://dnb.ddb.de> abrufbar.

ISBN 978-3-86764-869-1 (Print)
ISBN 978-3-7398-0436-1 (ePUB)
ISBN 978-3-7398-0437-8 (ePDF)

Einbandgestaltung: Susanne Fuellhaas, Konstanz
Printed in Germany

UVK Verlag
Nymphenburger Straße 48 · 80335 München
Tel. 089/452174-65
www.uvk.de

Narr Francke Attempto Verlag GmbH & Co. KG
Dischingerweg 5 · 72070 Tübingen
Tel. 07071/9797-0
www.narr.de

Vorwort

Ziel der Personalauswahl ist es, Stellen optimal zu besetzen. Dieses Buch gibt einen kritischen Überblick über zeitgemäße Vorgehensweisen. Hier hat sich in den letzten Jahren viel verändert. Online-Bewerbungen sind Standard, neue Medien werden in zunehmendem Umfang eingesetzt. Insbesondere wird immer mehr Software bei der Personalauswahl verwendet. Das spart zum einen Zeit und Kosten, zum anderen orientiert man sich damit an den Kommunikationsgewohnheiten junger Menschen.

Doch bei jedem Personalauswahlverfahren werden stets nur bestimmte Facetten des Bewerbers berücksichtigt, somit ist keines optimal.

Da die Anforderungen an künftige Mitarbeiter steigen und sowohl fachliche Qualifikationsmerkmale als auch bestimmte Verhaltensweisen und soziale Kompetenzen an Bedeutung gewinnen, sollten nach Möglichkeit mehrere Verfahren kombiniert werden.

Nach wie vor wird der Analyse der Bewerbungsunterlagen und den Vorstellungsgesprächen in den allermeisten Unternehmen eine große Bedeutung beigemessen. Regelmäßig werden Telefoninterviews durchgeführt. Auch Video-Interviews, live oder zeitversetzt, werden immer beliebter. Sie werden als schnelle Vorauswahl genutzt, können aber die persönlichen Vorstellungsgespräche nicht komplett ersetzen.

Assessment Center und andere Testverfahren sind ebenfalls weiterhin gängige Bestandteile von Personalauswahlprozessen, auch hier wird zunehmend das Internet eingesetzt.

Christiana Nicolai

Inhaltsverzeichnis

1 Ziele, Anforderungen und Ablauf

Ziel der Personalauswahl ist es, denjenigen Bewerber zu ermitteln, der am besten für die zu besetzende Stelle geeignet ist. Im Rahmen der Personal**beschaffung** werden zunächst Kandidaten **gesucht** und identifiziert, unter denen im nächsten Schritt die Personal**auswahl** stattfindet.

Praktisch **gehen Beschaffung und Auswahl ineinander über** und können nicht immer sauber getrennt werden. Das gilt umso mehr, je umfangreicher **neue Medien** eingesetzt werden. So wird beispielsweise bei Online-Bewerbungen auf der Unternehmens-Homepage oft sofort eine Vorauswahl vorgenommen und nur ein Teil der Bewerber weitergeleitet.

Eine falsche Auswahlentscheidung kann zu beträchtlichen **Kosten** führen und ist oftmals nur unter großem Aufwand revidierbar. Geringe **Produktivität** des neuen Mitarbeiters und eine erhöhte Arbeitsbelastung seiner Kollegen sind die direkten Folgen. Oft kommt es bereits nach kurzer Zeit zu einer erneuten Vakanz, entweder weil das Unternehmen das Arbeitsverhältnis beendet oder weil der neue Mitarbeiter aufgrund seiner **Über- bzw. Unterforderung** selbst die Konsequenzen zieht und kündigt. Denkbar ist auch eine **innere Kündigung**, bei der der neue Mitarbeiter im Unternehmen bleibt, aber mit Desinteresse und ohne Elan an seine Aufgaben herangeht, weil er sich von der Stelle etwas anderes versprochen hat. Wird die Stelle stattdessen den Möglichkeiten des neuen Mitarbeiters angepasst oder wird er innerhalb des Unternehmens mit einer anderen Aufgabe betreut, entstehen in der Regel **Personalentwicklungs- und weitere Einarbeitungskosten**. Auch die **Trennung** von diesem Mitarbeiter ist oft mit zusätzlichen Kosten, etwa Arbeitsprozesskosten und Abfindungskosten, verbunden. Anschließend kommt es zu einem **neuen Beschaffungs- und Auswahlprozess** und **erneuter Einarbeitung** eines Mitarbeiters, wodurch wiederum Kosten entstehen.[1]

---

[1] Vgl. Scherm/Süß (2016), S. 53 f.

Sieht man die Personalbeschaffung und -auswahl als **Investition** an, wird die Notwendigkeit einer sorgfältigen Selektion noch deutlicher. So führt etwa die Einstellung eines Betriebswirtes nach seinem Studienabschluss mit einem Anfangsgehalt von ca. 45.000 € innerhalb von fünf Jahren zu Auszahlungen – ohne Berücksichtigung von Personalnebenkosten oder Gehaltssteigerungen – von ca. 225.000 Euro. Bei der Einstellung von Führungskräften sind noch wesentlich höhere Beträge anzusetzen. Sachinvestitionen in diesen Größenordnungen unterliegen in jedem Unternehmen einer sehr genauen, professionellen und systematischen Prüfung. Personalauswahlentscheidungen werden dagegen oft dilettantisch und schlecht vorbereitet getroffen.[2] Dies ist umso eher der Fall, je kleiner das Unternehmen ist. Dabei haben kleine und mittlere Unternehmen sehr viel weniger Möglichkeiten, Auswahlfehlern durch Versetzungen oder Veränderungen der Stellenaufgaben gegenzusteuern, weshalb sie umso sorgfältiger vorgehen müssten.

Zur Personalauswahl steht ein umfangreiches Arsenal von Verfahren zur Verfügung, die i.d.R. kombiniert werden. Der Bewerber wird dabei aus unterschiedlichen Perspektiven betrachtet, um seine Eignung mit ihren fachlichen, sozialen und anderen Komponenten genauer erfassen zu können, als dies bei der Anwendung nur eines Verfahrens möglich wäre. Weuster berichtet von mehreren empirischen Untersuchungen, die alle zu dem Ergebnis kommen, dass eine sorgfältig durchgeführte Personalauswahl deutliche **positive Auswirkungen auf den Unternehmenserfolg** mit sich bringt.[3]

Bei **internen Bewerbern** ist zumindest ein Teil ihrer Qualifikationen und ihres Potenzials bekannt, insbesondere wenn man sich auf bisherige Beurteilungen und Potenzialanalysen stützen kann.

Bei **externen Bewerbern** besteht eine weitaus größere Unsicherheit. Auch wenn für eine vakante Stelle ein genaues Anforderungsprofil vorliegt, bringt die Eignungsprüfung häufig Probleme mit sich. Das

---

[2] Vgl. Weuster (2012 a), S. 7.

[3] Vgl. ebd., S. 10.

Unternehmen trifft seine Auswahl aufgrund unvollständiger Informationen über den Bewerber (**Hidden Informations**), dessen Absichten zudem nur teilweise bekannt sind (**Hidden Intentions**). Außerdem kennt das Unternehmen nicht alle Eigenschaften des Bewerbers (**Hidden Characteristics**).[4]

Auch bei sorgfältiger Vorgehensweise sind **Fehlentscheidungen** unvermeidbar. Die Gründe sind:

- Stichprobencharakter der Auswahlverfahren, da weder alle Bewerber noch alle Seiten des späteren Aufgabenbereichs berücksichtigt werden können
- oft unvollkommene Erfassung der Stellenanforderungen
- Mängel des eingesetzten Auswahlverfahrens
- fehlende Zeit
- Fehler seitens der auswählenden Personen, die aufgrund von Vorurteilen, Sympathie bzw. Antipathie, ungenügender Vorbereitung etc. entstehen
- zu geringe personelle und finanzielle Ressourcen, die für den Auswahlprozess zur Verfügung stehen

Bei der Entscheidung für ein Auswahlverfahren ist auf die **Einhaltung der methodischen Gütekriterien** zu achten, diese sind insbesondere:[5]

- Objektivität
- Reliabilität
- Validität

Objektivität ist dann gegeben, wenn die Ergebnisse unabhängig von der Person des Beurteilers gleich ausfallen. Verschiedene Entscheidungsträger müssen also beim selben Bewerber zum gleichen Ergebnis hinsichtlich seiner Eignung für die vakante Stelle kommen. Die

---

[4] Vgl. Göbel (2002), S. 100 ff.

[5] Vgl. dazu ausführlich Weuster (2012 a), S. 12 ff.; Oechsler/Paul (2015), S. 226 ff.

Objektivität des Beurteilers kann z.B. durch individuelle Interpretationen, Emotionen oder Erwartungen beeinträchtigt werden. Zeitdruck wirkt sich ebenfalls negativ aus.

Unter **Reliabilität** versteht man die Messgenauigkeit, welche die Zuverlässigkeit oder Messfehlerfreiheit eines Verfahrens anzeigt. Es geht also darum, dass das verwendete Verfahren ein Merkmal zuverlässig misst. Verschiedene voneinander unabhängige Beurteilungen müssen demnach zum selben Ergebnis führen, wenn sie das gleiche Verfahren mit den gleichen Kriterien heranziehen und die gleichen Maßstäbe ansetzen.

Validität liegt vor, wenn mit dem angewandten Auswahlverfahren das erfasst wird, was auch tatsächlich erfasst werden soll, d.h. die Validität gibt den Grad der Sicherheit der Schlüsse an, die man aus den Ergebnissen des Verfahrens ziehen kann. Die Werte können theoretisch zwischen 0 und 1 schwanken, wobei 1 eine 100-prozentige Treffsicherheit bedeutet.

Über die Validität der gebräuchlichsten Personalauswahlverfahren gibt es sehr viele Untersuchungen. Ein Überblick über die durchschnittliche prognostische Validität, die im Rahmen einer Meta-Analyse von Studien ermittelt wurde, findet sich bei Schuler.[6] Danach weist ein konventionelles Einstellungsinterview eine Validität von .14, die Analyse von Bewerbungsunterlagen von .18 und ein Assessment Center von .37 auf. Die Probezeit sowie anforderungsbezogene und strukturierte Interviews haben mit .44 und .40 die höchste Validität. Zu ähnlichen Ergebnissen kommen Funk/Nachtwei/Melchers in ihrer Erhebung. Danach haben Intelligenztests (.56), strukturierte Interviews (.51) und Fachwissenstests (.47) die höchste Validität. Unstrukturierte Interviews (.27) und Persönlichkeitstests (.19) weisen die niedrigste Validität auf.[7]

Die Einsatzhäufigkeit zeigt jedoch leider eine ganz andere Situation. Gerade unstrukturierte Interviews, bei denen sich die Interviewer auf

---

[6] Vgl. Schuler (2003), S. 178.

[7] Vgl. Funk/Nachtwei/Melchers (2015), S. 27.

ihre angeblich hervorragende **Menschenkenntnis und auf Intuition** verlassen, werden in der Praxis oft verwendet.[8]

Außerdem wird die Validität der Auswahlinstrumente häufig völlig falsch eingeschätzt.[9] Als mögliche Erklärung geben Funk/Nachtwei/Melchers an, dass viele Praktiker kaum Fachzeitschriften lesen und deshalb nicht auf einem neuen Stand sind.[10] Zudem werden neue Erkenntnisse (auch aus Deutschland) oft in englischsprachigen Zeitschriften veröffentlicht, die für Praktiker schwer zugänglich sind. Auch werden häufig einfache, schnelle und kostengünstige Verfahren bevorzugt.

Die Analyse der Bewerbungsunterlagen ist in Deutschland das am häufigsten verwendete Auswahlverfahren. Das bestätigt eine Befragung durch Weber und Kabst, bei der 99 Prozent der Unternehmen angaben, Bewerbungsunterlagen zu analysieren.[11] Auch Vorstellungsgespräche werden nahezu flächendeckend eingesetzt.[12] Demgegenüber sind Assessment Center und die Anforderung von Referenzen seltener anzutreffen. Am wenigsten in Deutschland verbreitet ist das Einholen grafologischer Gutachten.[13] Es gibt allerdings Länder wie Frankreich und die Schweiz, in denen es durchaus noch üblich ist, Schriftmerkmale eines Bewerbers bei der Auswahlentscheidung mit zu berücksichtigen.[14] In Deutschland, in stärkerem Maße noch in den USA und in Frankreich, legt man bei Bewerbungen großen Wert auf die Einhaltung formaler Kriterien.[15]

Die sinnvolle **Kombination** von Auswahlverfahren führt zu besseren Ergebnissen und erhöht die Entscheidungssicherheit.

---

[8] Vgl. dazu die ausführlichen Vergleiche bei Weuster (2012 a), S. 205 ff.

[9] Vgl. ebd.

[10] Vgl. ebd.

[11] Vgl. Weber/Kabst (1996), S. 18.

[12] Vgl. Dincher (2007), S. 127.

[13] Vgl. Klimecki/Gmür (2005), S. 246 f.

[14] Vgl. Gmür/Thommen (2011), S. 287 f.; Klimecki/Gmür (2005), S. 238.

[15] Vgl. Scholz (2000), S. 476.

In letzter Zeit zeigen empirische Erhebungen sinkende Validitätswerte bei Assessment Centern, obwohl sie in vielen Unternehmen zum Standartrepertoire bei der Bewerberauswahl gehören. Gründe werden insbesondere in der verbreiteten Erstellung und Durchführung dieser Tests durch ungeschulte Nicht-Fachleute und durch unvorbereitete Beurteiler gesehen.[16]

Neben den drei genannten Gütekriterien Objektivität, Reliabilität und Validität spielen

- Praktikabilität,
- Akzeptanz,
- Transparenz sowie
- Ökonomie

bei der Qualität von Auswahlverfahren eine wichtige Rolle.

Unter **Praktikabilität** versteht man die Benutzerfreundlichkeit und Beherrschbarkeit eines Verfahrens. Es muss verständlich und von den Anwendern mit angemessenem Aufwand erlernbar und durchführbar sein.

Akzeptanz bezieht sich sowohl auf die Anwender als auch auf die Bewerber. Wenn ein Auswahlverfahren von den Entscheidungsträgern nur widerwillig angewandt wird, können fehlerhafte Ergebnisse die Folge sein. Auch eine mangelnde Akzeptanz auf Bewerberseite führt zu fehlerhaften Ergebnissen, weil diese dann häufig die notwendige Ernsthaftigkeit und Sorgfalt vermissen lassen. Wenn Auswahlverfahren für Bewerber bzw. Entscheidungsträger nicht nachvollziehbar und transparent gestaltet sind, werden diese Verfahren und die daraus resultierenden Ergebnisse nicht anerkannt.

Ein ausführliches Feedback der Ergebnisse fördert die **Transparenz** und damit die Akzeptanz seitens des Bewerbers.[17]

[16] Vgl. Biemann/Weckmüller (2012), S. 48.

[17] Vgl Weuster (2012 a), S. 26.

Ökonomische Gesichtspunkte (Kosten-/Nutzen-Überlegungen) müssen ebenfalls Berücksichtigung finden. Unternehmen sind sich zwar der Tatsache bewusst, dass durch Fehlbesetzungen Kosten entstehen, schätzen diese aber oft – möglicherweise, weil sie nur ungenau erfasst werden können – als nicht sehr bedeutend ein.[18] Auch der Nutzen verbesserter Auswahlverfahren lässt sich nur schwer quantifizieren. Dies ist einer der Gründe, weshalb die Vorzüge aufwändiger Verfahren Praktikern nur schwer vermittelt werden können. Sie bevorzugen in der Regel Vorgehensweisen, die mit einem geringen finanziellen Aufwand verbunden sind, auch wenn dabei die Auswahlqualität zu wünschen übrig lässt.

Das **Internet** spielt bei der Personalauswahl mittlerweile eine sehr große Rolle. Die Zusendung der Bewerbungsunterlagen per **E-Mail** ist die übliche Vorgehensweise und hat das Einreichen ausgedruckter Unterlagen fast komplett verdrängt, gleichgültig, um welche Hierarchieebene oder Qualifikation es sich handelt. Vor allem größere Unternehmen arbeiten zudem meist auch mit **Online-Personalfragebögen**. Viele Unternehmen weisen auf den „Karriere-Seiten" ihrer Homepages darauf hin, dass sie nur noch Bewerbungen per Online-Personalfragebogen oder per E-Mail akzeptieren. Zum Teil wird dabei mit so genannten **Killer-Kriterien** gearbeitet, d.h. Bewerbungen werden automatisch von einer **Software** abgelehnt, falls bestimmte Grundbedingungen (z.B. bestimmte Abschlussnoten, Berufsjahre etc.) nicht erfüllt sind.

Elektronische Bewerbungen sollen helfen, Personal, welches sich mit den Bewerbungen beschäftigt, zu reduzieren und damit die Kosten von Bewerbungsprozessen zu verringern. Allerdings führen die elektronischen Bewerbungsmöglichkeiten, zumal sie weniger Zeitaufwand erfordern, zu wesentlich mehr Bewerbungen, die allerdings häufig weniger sorgfältig erstellt sind. Damit erweist sich die ursprünglich erhoffte Kosteneinsparung in vielen Fällen als illusorisch, da nun viel mehr Bewerbungen eingehen als früher.

---

[18] Vgl. Klimecki/Gmür ((2005), S. 250.

Die **Vorgehensweise bei der Bewerberauswahl** hängt zunächst davon ab, ob es sich um einen internen oder einen externen Bewerber handelt. Den Ablauf zeigt Abb. 1.

Bewerber	
aus dem eigenen Unternehmen	**unternehmensextern**
Vorauswahl in Abstimmung mit dem Anforderungsprofil aufgrund betriebsinterner Informationen wie Personalakte, Mitarbeitergespräche, Leistungsbeurteilungen, Potenzialanalysen etc.	Vorauswahl in Abstimmung mit dem Anforderungsprofil aufgrund schriftlicher Bewerbungsunterlagen
Vorauswahl aufgrund von Bewerbungsgesprächen, Assessment Centern etc.	
Auswahlentscheidung	
Eingruppierung, Umgruppierung Versetzung und Einarbeitung	Arbeitsvertrag und Einstellung Probezeit und Einarbeitung
Kontrolle der Auswahlentscheidung durch Mitarbeiterbeurteilung	

Abb. 1: Ablauf der Bewerberauswahl

2 Bewerbungsunterlagen

2.1 Vorgehensweise

Sowohl interne Bewerber als auch externe Kandidaten erstellen in der Regel Unterlagen, mit denen sie sich um eine vakante Stelle bewerben.

Bei **internen Bewerbungen** werden in der Regel neben dem Anschreiben nur noch neue, dem Unternehmen bislang nicht bekannte auswahlrelevante Informationen eingereicht. In den Personalakten des Unternehmens befinden sich die ursprüngliche Bewerbung des Mitarbeiters sowie zusätzliche Informationen aus Personalbogen, Personalbeurteilungen, Mitarbeitergesprächen, Weiterbildungen etc. Insofern ist das Einreichen der sonst üblichen Bewerbungsunterlagen hier meistens nicht erforderlich.

Externe Bewerber übermitteln mit ihren Unterlagen die ersten Informationen über sich. Sie sind als eine Art erste **Arbeitsprobe** anzusehen, entsprechend groß ist ihre Bedeutung.

Vollständige Bewerbungsunterlagen enthalten:

- Bewerbungsanschreiben
- Lebenslauf
- (ggf. Lichtbild)
- Abschluss- und Ausbildungszeugnisse
- Arbeitszeugnisse
- Weiterbildungszeugnisse

Seit Inkrafttreten des Allgemeinen Gleichbehandlungsgesetzes (AGG) verzichten insbesondere international tätige Unternehmen ausdrücklich auf ein **Foto**, um den Gleichbehandlungsgrundsatz nicht zu verletzen. Gefordert werden darf ein Lichtbild nicht mehr, allerdings ist es in Deutschland nach wie vor üblich, es den Bewerbungsunterlagen beizufügen.

Bei vielen Unternehmen erhalten die Bewerber einen Link zu einem **Personalbogen** mit der Bitte, diesen auszufüllen. Das hat den Vorteil, dass die wichtigsten Informationen aller Kandidaten in der gleichen Art und Weise vorliegen und leichter verglichen werden können. Doch werden mit dieser Standardisierung oft gerade die interessantesten Bewerber ausgegrenzt, weil außergewöhnliche Lebensläufe nicht in die vorgegebene Struktur passen. Solche Bewerber verlieren dann manchmal das Interesse und brechen den Bewerbungsprozess ab.[19]

---

[19] Vgl. Michel (2016), S. 36.

Teilweise werden **Referenzen** in das Auswahlverfahren miteinbezogen oder von Unternehmensseite ausdrücklich angefordert.

Außerdem sind weitere Unterlagen und Informationen üblich geworden. Dazu gehört z.B. die „**dritte Seite**", auf welcher der Bewerber wichtige Aussagen über seine Person, seine Qualifikation und andere stellenrelevante Informationen zusammenfasst. Diese Übersicht, die trotz ihrer Bezeichnung nicht auf Seite drei stehen muss, ist oft mit „Was Sie sonst noch über mich wissen sollten", „Was Sie von mir erwarten können" oder dergleichen überschrieben. Allerdings scheiden sich hier die Geister: neben Personalern, die die dritte Seite als unbedingt erforderlichen Bestandteil einer guten Bewerbung ansehen, gibt es viele, die sie als vollkommen überflüssig erachten, da sie keine zusätzlichen Erkenntnisse bringt. Sie bietet allerdings den Vorteil, dass der Entscheidungsträger die aus Sicht des Bewerbers bedeutsamen Fakten seiner Berufstätigkeit nicht mehr mühsam aus den Bewerbungsunterlagen herausfiltern muss, sondern sie in komprimierter Form vorgelegt bekommt.

Bei Bewerbern mit umfangreicher Erfahrung findet man außerdem oft eine **Leistungsbilanz** in den Bewerbungsunterlagen. Darin wird auf etwa einer Seite eine Zusammenfassung über Branchenerfahrungen, Tätigkeitsschwerpunkte und über besondere Erfolge geboten.

Zur Aussagekraft von Bewerbungsunterlagen gibt Abb. 2 Auskunft.

Bedeutung von Bewerbungsunterlagen				
Bewerbungs-unterlagen	**besondere Beurteilungskriterien**	**Aussagekraft**		
		groß	mittel	gering
Anschreiben	Form, Inhalt		x	
	Struktur		x	
	berufliche Aussagen	x		
	berufliche Erwartungen	x		
Lebenslauf	Form		x	
	Inhalt	x		

Foto	Größe, Aktualität, Farbe, Herstellungsart			x
Abschluss- und Ausbildungs-zeugnisse	Ausbildungsdauer		x	
	Noten		x	
	Interessenschwerpunkte		x	
	Ausbildungsinstitution		x	
Weiterbildungs-zeugnisse	Fachgebiete	x		
	Bewertung	x		
	Institution		x	
Arbeitszeugnisse	bisherige Tätigkeiten		x	
	Leistung		x	
	Verhalten		x	
Referenzen			x	
Arbeitsproben		x		
Personalbogen			x	

Abb. 2: Bedeutung der Bewerbungsunterlagen

Eine **Eingangsbestätigung** mit einer Erläuterung der weiteren Vorgehensweise sollte immer versendet werden. Normalerweise geschieht dies mittels einer E-Mail. Die Einhaltung von Terminen, die sorgfältige Behandlung der Unterlagen, Diskretion und ggf. die Rücksendung nicht mehr benötigter Bewerbungsmappen, die ausgedruckt per Post eingegangen sind, gehören ebenfalls zu einem guten Bewerbermanagement.

Die Bewerbungsunterlagen werden nach ihrem Eingang in der Personalabteilung erfasst und aufbereitet. Eine DV-gestützte Bewerberverwaltung ist dabei weitgehend selbstverständlich. Sie erleichtert z.B. das Anfertigen von Eingangs-, Einladungs- und Absagebriefen sowie die Erfolgskontrolle der Personalauswahl und ermöglicht außerdem den schnellen Rückgriff auf bereits vorhandene Informationen.

Die längerfristige Speicherung der eingereichten Informationen über das eigentliche Bewerbungsverfahren hinaus bedarf jedoch aus datenschutzrechtlichen Gründen grundsätzlich der Zustimmung des Bewerbers. Ansonsten ist sie nicht zulässig.

Wenn von Anfang an feststeht, dass ein Bewerber nicht dem gewünschten Anforderungsprofil entspricht, erfolgt eine zeitnahe Absage. Bei längeren Bearbeitungszeiten ist es sinnvoll, einen Zwischenbescheid zu erteilen.

Insgesamt wünschen sich Bewerber heute seitens der Unternehmen einen **zügigen Bewerbungsprozess**. Sie sind schnelle Rückmeldung aus anderen Kommunikationen im Internet gewöhnt (z.B. bei Warenbestellungen) und übertragen diese Erfahrungen auch auf die Bewerbungssituation.[20]

2.2 Analyse nach formalen Kriterien

Die erste grobe Durchsicht der Bewerbungsunterlagen dient der Aussonderung völlig ungeeigneter Kandidaten. Zu Beginn erfolgt die Analyse nach rein formalen Gesichtspunkten, die als Mindestanforderungen zu verstehen sind. Man achtet auf:[21]

- äußere Form
- Fehlerfreiheit
- Übersichtlichkeit
- Ordentlichkeit
- Vollständigkeit

Zur Analyse nach formalen Aspekten gehört außerdem die Durchsicht nach bestimmten **Musskriterien** wie einer bestimmten Berufsausbildung, einem Mindestalter, einer bestimmten Führerscheinklasse oder einer erforderlichen Staatsangehörigkeit.

Insbesondere in Frankreich und den USA sind formale Kriterien oft von großer Bedeutung. Scholz berichtet von einem empirischen Befund, wonach 74 Prozent der US-amerikanischen und 83 Prozent der französischen Unternehmen sofort Absagen erteilen, falls die Bewerbungen die formalen Kriterien nicht erfüllen. Auch in Deutschland

[20] Vgl. Faber (2016), S. 8.

[21] Vgl. Jung (2017), S. 155.

liegt dieser Anteil mit 51 Prozent recht hoch.[22] Allerdings wird den Formalien nicht immer die gleiche Bedeutung beigemessen. So wird bei Berufen, bei denen die Kreativität im Vordergrund steht, in der Regel weniger Wert auf formal einwandfreie Bewerbungen gelegt. Auch bei jungen Menschen, die durch Internet, Facebook, WhatsApp, Twitter etc. sozialisiert sind, wird oft weniger gefordert. So will man ihnen den Bewerbungsprozess erleichtern.

Bei der ersten Sichtung der Unterlagen geht es insbesondere um **Negativabweichungen** von der üblichen Form. Bei ausgedruckten Bewerbungen sind das z.B. verschmutzte oder erkennbar öfter verwendete Unterlagen, schwer handhabbare Bewerbungsmappen, lose Einzelblätter, Anschreiben auf liniertem oder kariertem Papier, schlechte Fotos, das Fehlen wichtiger Unterlagen oder Informationen, fehlende Adressen und Unterschriften, Tippfehler und unsaubere Kopien. Dabei wird davon ausgegangen, dass Bewerber, die bereits hier die nötige Sorgfalt vermissen lassen, sich auch später in der Arbeitssituation keine Mühe geben werden. Man zieht aus der Qualität der Unterlagen erste Schlüsse über die **Grundeinstellung eines Kandidaten** und sein Interesse an der zu besetzenden Stelle.[23] Das gilt natürlich genauso für Bewerbungen in elektronischer Form.

Je bedeutender die vakante Stelle ist und je höher sie in der Hierarchie angesiedelt ist, desto eher sollten die Bewerbungsunterlagen in formaler Hinsicht gewissen Mindestanforderungen genügen.

Es gibt jedoch Unternehmen, in denen bei einer formvollendet gestalteten Bewerbung auf einen sehr unsicheren Kandidaten, der sich deshalb sehr stark um Korrektheit bemüht, oder auf einen „Blender“ bzw. Pedanten geschlossen wird,[24] der zu viel Zeit für Nebensächlichkeiten aufwendet.

---

[22] Vgl. Scholz (2000), S. 467.

[23] Vgl. Hentze/Kammel (2001), S. 298 f.

[24] Vgl. Stopp (2006), S. 72.

2.3 Bewerbungsschreiben

Das Anschreiben dient dazu, das **Interesse des Bewerbers** an der ausgeschriebenen Stelle zu verdeutlichen und dem Unternehmen in komprimierter Form alle wichtigen Informationen zu geben, die für ihn sprechen. Es ist also eine Art **Motivationsschreiben**. Stereotype Serienbriefe und sehr allgemein gehaltene Schreiben erfüllen diese Funktion nicht.

Befragungen zeigen, dass Unternehmen dem Bewerbungsschreiben insgesamt eine mittlere Bedeutung beimessen.[25] Es wird von Personalern insbesondere zur Beurteilung der **Ausdrucksfähigkeit** der Kandidaten herangezogen. Bei Bewerbern ist die Anfertigung des Anschreibens die unbeliebteste Aufgabe im Zusammenhang mit der Erstellung der Bewerbungsunterlagen.[26]

In letzter Zeit **verzichten** immer mehr Unternehmen gänzlich **auf Bewerbungsschreiben**. Beispiele sind die Deutsche Bahn, Otto Versand, Rossmann und Telefonica. Diese setzen stattdessen vermehrt auf elektronische Bewerbungsformen, oft über Smartphones. Manchmal reicht auch eine Verlinkung zum Profil in den sozialen Netzwerken, etwa Xing oder LinkedIn.[27]

Der Verzicht auf Bewerbungsschreiben gilt insbesondere bei Bewerbungen um Ausbildungsplätze. Da Azubis knapp werden, will man den Interessenten das Bewerbungsverfahren so leicht wie möglich machen.[28]

Man geht davon aus, dass die anderen Unterlagen und weitere Auswahlverfahren, z.B. Interviews, sich besser eignen, Bewerber einzuschätzen. Deshalb verzichtet man auf erste Erläuterungen zur Motivation, zu den Bewerbungsgründen oder den Vorstellungen über das

---

[25] Vgl. dazu die Zusammenstellung der Ergebnisse verschiedener empirischer Untersuchung bei Weuster (2012 a), S. 103 f.

[26] Vgl. o.V. (2016 a), C 1.

[27] Vgl. o.V. (2018 a); o.V. (2018 b).

[28] Vgl. o.V. (2018 a).

Berufsleben, denn man vermutet, dass solche Gedanken den meist noch recht jungen Bewerbern schwer fallen würden.[29]

Aufgrund der Knappheit von Bewerbern für Ausbildungsstellen senkt man also das Niveau bei der Erstellung der Bewerbungsunterlagen und passt sich nach unten an, um Ausbildungsstellen überhaupt besetzen zu können.

In anderen Bereichen dagegen, etwa bei der Vergabe von Studienplätzen an Eliteuniversitäten, hat man Motivationsschreiben gerade zur Reflexion über die angestrebte Berufswahl und zur Differenzierung zwischen geeigneten und ungeeigneten Bewerber extra als zusätzliches Auswahlkriterium eingeführt.

Sofern das Unternehmen Bewerbungsschreiben weiterhin als notwendig erachtet, sollte es aus Gründen der **Übersichtlichkeit** und der zeitlichen Belastung der Entscheidungsträger nicht wesentlich länger als eine Seite sein. Zu viele Seiten führen beim Leser eher zu Ungeduld als zu Interesse.

Erwartet werden eine **klare Gliederung** und eine übersichtliche Gestaltung. Auch **Formulierungsstil**, Satzbau und Ausdrucksweise vermitteln erste Eindrücke über den Bewerber, insbesondere seine Sorgfalt und sein schriftliches Ausdrucksvermögen.

Wichtige **Inhalte** sind die sachlichen und persönlichen Bewerbungsgründe, das Interesse am Unternehmen und die Eignung für die vakante Stelle.

Das Unternehmen erhält damit Anhaltspunkte,

- ob sich der Bewerber mit den Stellenanforderungen auseinandergesetzt hat,
- weshalb er seine bisherige Stelle aufgeben will,
- wieso er sich für die vakante Stelle interessiert,
- ob und inwieweit er sich über das Unternehmen informiert hat und

---

[29] Vgl. o.V. (2018 a).

- inwieweit er nach dem ersten Eindruck den Anforderungen der ausgeschriebenen Stelle gerecht wird.

Fehlende Angaben oder vage Formulierungen wie „habe mitgewirkt ..." oder „ einfache Grundkenntnisse in ..." lassen darauf schließen, dass es gerade an dieser Qualifikation mangelt. Erste Erkenntnisse zur Arbeitsweise des Bewerbers kann man daraus ziehen, ob der Bewerber bereit und in der Lage war, auf die **in der Stellenanzeige formulierten Erwartungen** einzugehen.

Weitere Informationen, etwa der frühestmögliche Einstellungstermin oder die Gehaltsvorstellungen, runden den ersten Eindruck ab. Weicht die **Entgeltforderung** von den üblichen Beträgen stark nach oben ab, gibt dies Anlass zu der Vermutung, dass der Bewerber entweder die Stelle oder sich selbst überschätzt. Zu bescheidene Gehaltswünsche lassen ebenfalls auf eine Fehleinschätzung der Stellenanforderungen oder auf mangelnde Selbstsicherheit des Bewerbers schließen.

Das Anschreiben muss Name, Adresse und **Kontaktmöglichkeiten** wie Telefonnummer und E-Mail-Adresse enthalten. Da insbesondere in größeren Unternehmen oft mehrere Stellen zu besetzen sind, muss im Bewerbungsschreiben, sofern es sich nicht um eine freie Bewerbung handelt, eine **Kennziffer** angegeben werden. Außerdem nutzen Unternehmen oft mehrere Medien zur Personalbeschaffung, weshalb auch die Nennung desjenigen **Mediums**, auf das sich der Bewerber bezieht, von Bedeutung ist. Auf diese Weise lässt sich später feststellen, wie viele geeignete Bewerber sich auf eine Ausschreibung auf der Homepage, in einer bestimmten Jobbörse, Fachzeitschrift oder überregionalen Tageszeitung etc. beworben haben. Daraus können Schlüsse gezogen werden, welche Medien sich für derartige Vakanzen am besten eignen.

Bestimmte Aussagen im Bewerbungsschreiben vermitteln einen eher negativen Eindruck. So wird aus dem namentlichen Erwähnen von Referenzgebern oft auf Unsicherheit oder Imponiergehabe geschlossen oder es wird als Versuch ausgelegt, mithilfe einflussreicher Persönlichkeiten Druck auf das Auswahlgremium zu erzeugen. Viele

Entscheidungsträger empfinden es auch als peinlich, über private Probleme wie Ehescheidungen und daraus resultierende berufliche Neuorientierungen im Bewerbungsschreiben informiert zu werden. Kunstvoll gestaltete Briefköpfe oder Familienwappen wirken als „Sozialprothesen" eher lächerlich und sind keineswegs förderlich.

Der Vollständigkeit halber sei erwähnt, dass jedes Anschreiben das aktuelle **Datum** enthalten muss und mit einer Unterschrift zu versehen ist.

2.4 Lebenslauf (CV)

Wie das Anschreiben enthält auch der Lebenslauf (**Curriculum Vitae,** CV) ein aktuelles Datum und eine Unterschrift. Damit zeigt der Bewerber, dass er seine Unterlagen kurzfristig aktualisiert und selbst zusammengestellt hat. Der Lebenslauf gibt dem Unternehmen einen systematischen Überblick über die persönliche und berufliche Entwicklung des Bewerbers. In den meisten Unternehmen spielt er bei Auswahlentscheidungen eine wichtige Rolle.

Üblich ist die tabellarische Form des CV. Lediglich bei Bewerbungen um Ausbildungsplätze fordern Unternehmen manchmal handgeschriebene Lebensläufe in Prosa. Sie dienen dann weniger der Darlegung der beruflichen Entwicklung, da außer Praktika während der Schulzeit noch kaum diesbezügliche Erfahrungen vorliegen dürften, sondern sollen vor allem Informationen zur Ausdrucksfähigkeit, zu den Rechtschreibkenntnissen und zur Sorgfalt des Bewerbers liefern.

Zur besseren Übersicht sollte ein **tabellarischer Lebenslauf** nicht nur **chronologisch**, sondern auch **logisch** geordnet sein, d.h. die Informationen werden in einzelne Rubriken eingeteilt, etwa persönliche Daten, Schulbildung und Berufserfahrung. Innerhalb dieser erfolgt eine zeitliche Untergliederung. Dies erhöht die Übersichtlichkeit.

Üblicherweise wird in jeder Rubrik mit den aktuellen Daten begonnen. Je weiter ein Ereignis zurückliegt, desto weiter unten erscheint es. Das hat den Vorteil, dass der Leser zur Abschätzung der aktuellen Situation des Bewerbers zunächst nur die ersten Informationen in einer Rubrik beachten muss.

Im Internet ist ein **Formular für einen EU-Lebenslauf** in allen EU-Sprachen abrufbar, welches nach einem Beschluss der Europäischen Kommission europaweit zur Verwendung empfohlen wird.[30]

Er enthält diese Rubriken:

- persönliche Daten
- Arbeitserfahrung
- Schul- und Berufsbildung
- Fähigkeiten und Kompetenzen
- weitere Angaben
- Anlagen

Da die Vorgehensweisen bei der Personalauswahl von Land zu Land und Unternehmen zu Unternehmen unterschiedlich sind, ist es eher unwahrscheinlich, dass sich ein solcher einheitlicher Lebenslauf in absehbarer Zeit durchsetzen wird. Dennoch handelt es sich um eine gute Anleitung, wie Bewerber alle notwendigen Informationen systematisch und übersichtlich aufbereiten können.

Die **Analyse des Lebenslaufs** erfolgt nach

- Zeitfolgen
- Positionen und
- Unternehmens- bzw. Branchenwechseln.

Die **Zeitfolgenanalyse** überprüft, wie häufig der Bewerber die Stelle gewechselt hat und ob zwischen den Beschäftigungsverhältnissen ungeklärte Lücken bestehen. Die **Lückenlosigkeit** des Lebenslaufs gilt als Indikator für Solidität und Ehrlichkeit. Hinter Lücken werden häufig Lebensumstände vermutet, die der Bewerber verschweigen möchte, obwohl sie für das Unternehmen von Bedeutung sein könnten.

Mehrere kurzfristige Stellenwechsel werden bei älteren Bewerbern oft negativ gesehen. Man vermutet, dass dieser Bewerber den Anforde-

---

[30] Vgl. hptt://europass.cedefop.europa.eu

rungen der vorigen Arbeitgeber nicht entsprochen hat. Bei jüngeren Bewerbern schließt man eher auf Flexibilität oder eine berufliche Orientierungsphase. Zu häufige Wechsel werden jedoch als mangelnde Zielstrebigkeit und geringes Durchhaltevermögen oder zu starke Karriereorientierung und Ichbezogenheit sowie als mangelndes Interesse am jeweiligen Unternehmen ausgelegt. Auch schlechte Beziehungen zu Vorgesetzten, Kollegen und Kunden oder geringe Teamfähigkeit und Integrationsfähigkeit werden als Ursache vermutet. Umgekehrt kann eine lange Betriebszugehörigkeit als mangelnde Flexibilität oder geringe Lernbereitschaft interpretiert werden.[31]

Ein häufiger Arbeitgeberwechsel zu Beginn des Berufslebens wird in einigen Branchen und Berufsfeldern allerdings als sinnvolle und notwendige Erweiterung des Erfahrungsbereichs und Vervollständigung der Qualifikation gesehen, etwa in der Mode- und der Werbebranche, in der gehobenen Gastronomie und im Hotelgewerbe.

Die **Positionenanalyse** beschäftigt sich mit dem beruflichen Auf- und Abstieg des Bewerbers, wozu auch der Wechsel des Berufs oder des Arbeitsbereichs gehört. Ein Aufstieg wird grundsätzlich positiv beurteilt. Dabei muss auch die Unternehmensgröße berücksichtigt werden, da der horizontale Wechsel zwischen einem kleineren und großen Unternehmen oft mit ganz anderen Anforderungen, Verantwortungsbereichen und Befugnissen verbunden ist, auch wenn es sich formal um die gleiche Stelle handelt.

Wichtig sind für viele Unternehmen vor allem Geradlinigkeit und Folgerichtigkeit der Stellenwechsel. Allerdings kann aufgrund der heutigen wirtschaftlichen Dynamik meistens **kein kontinuierlicher Positionsverlauf** erwartet werden. Kurze Arbeitslosigkeit oder einige kurzfristige Beschäftigungsverhältnisse sollten deshalb nicht grundsätzlich negativ beurteilt werden, sondern im Einzelnen geprüft und ggf. im Vorstellungsgespräch angesprochen werden. So kann z.B. der Mut, sich selbständig zu machen oder in einem neu gegründeten Unternehmen Aufbauarbeit zu leisten, als Eigeninitiative, Risikobereit-

---

[31] Vgl. Hesse/Schrader (2002), S. 131.

schaft und Einsatzfreude gewertet werden, selbst wenn das Unternehmen später scheiterte.[32]

Mithilfe der **Unternehmens- und Branchenanalyse** wird festgestellt, ob der Bewerber verwertbares Wissen aus der gleichen oder einer verwandten Branche mitbringt, etwa Kenntnisse über die Konkurrenzsituation oder über neue Produktentwicklungen oder Möglichkeiten der Kundenwerbung.

Die Betriebsgröße vorheriger Arbeitgeber gibt Hinweise darauf, inwieweit eine reibungslose Integration in das eigene Unternehmen gelingen wird. Bei dieser Analyse wird auch der Ruf der Branche und der Unternehmen, in denen der Bewerber gearbeitet hat, berücksichtigt. Allerdings ist hier eine gewisse Vorsicht angebracht. So wird aus einem technisch rückständigen Unternehmen zwar kaum ein Ingenieur kommen, der über die neuesten technischen Kenntnisse verfügt, andererseits können in solch einem Betrieb durchaus Mitarbeiter tätig sein, die hervorragende Kenntnisse der Kosten- und Leistungsrechnung haben.

Hinweise auf den soziokulturellen Hintergrund des Bewerbers runden die bisherigen Erkenntnisse ab. Sie ergeben sich z.B. aus der Schulart und dem Familienstand, einem eher ländlichen oder städtischen Umfeld, aus ehrenamtlichen Tätigkeiten, Hobbys und Freizeitaktivitäten.

In letzter Zeit interessieren sich die Entscheidungsträger – besonders aus dem Mittestand – zunehmend für die **Freizeitgestaltung** ihrer Bewerber. Team- und Ausdauersportarten sind sehr gefragt. Pünktlichkeit, Disziplin, Fairness, Siegeswille werden z.B. mit Teamsport verbunden. Eigenmotivation, Durchhaltevermögen, Disziplin, Taktik und strategisches Denken sollen mit der Begeisterung für einen Ausdauersport einhergehen. Man denke etwa an Marathonläufer oder Tennisspieler. Darstellerische **Hobbys**, wie Tanz, Theater oder Musik sollen Selbstbewusstsein fördern und rhetorisch und mimisch schulen. Auch Disziplin und die Bereitschaft vor größerem Publikum aufzutreten werden damit häufig verbunden.[33]

---

[32] Vgl. Weuster (2012 a), S. 138.

[33] Vgl. Lehn (2013), C. 10.

Die Begeisterung eines Bewerbers für aktives Fußballspielen wird mit Eigenschaften wie Zuverlässigkeit, Selbständigkeit, Durchsetzungsvermögen, Belastbarkeit und Teamgeist gleichgesetzt. Interessante Hobbys können im Einzelfall sogar schlechte Noten wettmachen. Extrem gefährliche Freizeitaktivitäten – etwa Fallschirmspringen oder Bungee Jumping – stoßen dagegen nach wie vor auf große Skepsis.[34]

2.5 Lichtbild

Mit dem Lichtbild vermittelt der Bewerber einen unmittelbaren Eindruck von seiner äußeren Erscheinung. Das Foto sollte den Kandidaten so zeigen, wie er im Geschäftsleben auftreten und gesehen werden möchte. Urlaubs- und Privatfotos sind, obwohl sie immer wieder in Bewerbungsunterlagen zu finden sind, völlig ungeeignet.

Aus der Art des Lichtbilds (Selfie, Automatenfoto, Fotografenfoto etc.) und seiner Aktualität wird häufig auf die **Ernsthaftigkeit der Bewerbung** geschlossen. So lässt ein professionell erstelltes Foto eher vermuten, dass es sich um einen interessierten Bewerber handelt, als ein Automatenfoto, insbesondere wenn es auch noch älteren Datums ist. Selfies und andere Schnappschüsse sind völlig unangebracht. Große Bilder vermitteln den Eindruck, dass der Kandidat sehr von sich überzeugt ist.

Auch aus äußerlichen Merkmalen (Brille, Bart etc.) werden Rückschlüsse gezogen. Ein ungepflegt wirkender Bewerber mit altmodischer Brillenfassung und fettigen Haaren wird kaum für eine Stelle mit Repräsentationsaufgaben oder häufigem Kundenkontakt in Frage kommen. Rückschlüsse auf Intelligenz, Leistungsfähigkeit und grundlegende Charakterzüge verbieten sich allerdings, zumal es keinerlei wissenschaftlichen Erkenntnisse gibt, die dies rechtfertigen würden.[35]

Viele Unternehmen messen einem Bewerbungsfoto nur eine recht geringe Bedeutung bei. Es ist im deutschsprachigen Raum jedoch

---

[34] Vgl. Lehn (2013), C. 10.

[35] Vgl. Schuler (2000), S. 14 f.

nach wie vor „state of the art“ und damit üblicher Bestandteil der Bewerbungsunterlagen. Wenngleich es seit der Einführung des Allgemeinen Gleichbehandlungsgesetzes nicht mehr ausdrücklich verlangt werden darf, wird sein Fehlen i.d.R. negativ bewertet. Viele internationale Unternehmen lehnen die Einsendung eines Bewerbungsbildes jedoch mittlerweile ab.

2.6 Abschluss- und Ausbildungszeugnisse

Schulzeugnisse sind für die Bewerberauswahl, außer im Falle von Auszubildenden und Berufsanfängern, von untergeordneter Bedeutung.

Schulnoten und -fächer geben Hinweise auf die Allgemeinbildung und spezielle Begabungen. So lassen gute Noten in einem bestimmten Fach ein besonderes Interessengebiet vermuten. Bei Sprachfächern schließt man von der Note auf Sprachbegabung und die Ausdauer beim Lernen, bei den Naturwissenschaften und der Mathematik werden Schlüsse auf das Abstraktionsvermögen und die Analysefähigkeiten gezogen. Schlechte Noten gelten als Indiz für fehlende Eigeninitiative, für Desinteresse und mangelnde Kenntnisse. Sehr gute Noten werden gelegentlich als Fähigkeit zur Anpassung interpretiert.

Die **Kopfnoten** lassen Rückschlüsse auf die Kommunikations-, Kontakt- und Teamfähigkeit, den Umgang mit Konflikten und das allgemeine Arbeitsverhalten zu.

Insbesondere bei Bewerbern, die bereits einige Zeit im Beruf stehen, ist die Bedeutung der Schulzeugnisse für den Auswahlprozess sehr gering. Wichtig sind sie bei Bewerbern, die noch keine oder kaum berufliche Erfahrung vorweisen können, sowie bei Jugendlichen, die sich um einen Ausbildungsplatz bemühen. Hier sollte man sich auf diejenigen Fächer konzentrieren, die für die ausgeschriebene Stelle von Bedeutung sind.

Ausbildungszeugnisse sind vor allem bei Berufseinsteigern von Belang, da noch keine Arbeitszeugnisse mit Informationen zur Qualifikation und Arbeitsleistung existieren. Je länger die Berufsausbildung zurückliegt, desto geringer ist ihre Bedeutung für den Auswahlprozess.

Hochschul-/Universitätsabschlüsse, die innerhalb der Mindest- bzw. Regelstudienzeit erbracht wurden, geben Hinweise auf Zielstrebigkeit und Leistungsorientierung.

Die Institution selbst sowie **Hochschul-Rankings**, bei denen die Hochschulen nach qualitativen Merkmalen bewertet werden, spielen in Deutschland bisher noch eine geringe Rolle. Bis auf wenige Ausnahmen geht man von annähernder Gleichwertigkeit der Abschlüsse aus. Wenn man jedoch die aktuelle Vielfalt der Hochschulen betrachtet, an denen mit sehr unterschiedlichem Arbeitsaufwand und sehr unterschiedlicher Qualität des fachlichen Inputs ein Studium mit gleicher Abschlussbezeichnung absolviert werden kann, ist zu vermuten, dass zukünftig der Hochschule ein deutlich größerer Stellenwert beigemessen werden muss, ähnlich wie es in englischsprachigen Ländern ist, wo die Hochschule selbst in hohem Maße als **Qualitätskriterium** gilt.

Von Universitätsabsolventen werden in der Regel ein größeres Abstraktionsvermögen und die Fähigkeit zur Lösung komplexer Probleme erwartet. Hochschulabsolventen punkten durch einen größeren Praxisbezug, einen früheren Einstieg ins Berufsleben und durch eine generell realistischere Erwartungshaltung.

Fachrichtung, Studienschwerpunkte und Thema der Bachelor- bzw. Master-Arbeit sind oft ein wichtiges Auswahlkriterium zu Beginn der Berufstätigkeit, da daraus auf bestimmte Vorkenntnisse und Interessen geschlossen werden kann. Die Noten, insbesondere die Abschlussnoten, spielen vor allem bei Führungsnachwuchskräften eine wichtige Rolle.

Ist der Bewerber bereits längere Zeit berufstätig, kommt seinen Schul-, Ausbildungs- und Hochschulzeugnissen eher eine **Dokumentationsfunktion** zu. Sie belegen, dass die behaupteten Abschlüsse tatsächlich erbracht wurden.

2.7 Arbeitszeugnisse

Arbeitszeugnisse spielen bei der Auswahl von Bewerbern mit Berufserfahrung in Deutschland noch immer eine große Rolle, auch wenn ihre **Bedeutung** aufgrund der Internationalisierung **abnimmt**. Dies gilt auch für Österreich und die Schweiz.

In den meisten anderen Ländern gibt es solche Bescheinigungen gar nicht, sodass Bewerber die Unterlagen nicht vorweisen können. Auch können die Zeugnisse dort nicht korrekt interpretiert werden, da die Unternehmen mit der deutschen Zeugnissprache nicht vertraut sind.

Der Arbeitgeber muss nur dann ein schriftliches Zeugnis ausstellen, wenn der Arbeitnehmer den Anspruch mündlich oder schriftlich geltend macht. Lediglich bei Auszubildenden muss am Ende des Ausbildungsverhältnisses unaufgefordert ein Zeugnis vom Ausbildungsbetrieb ausgestellt werden.

Man unterscheidet einfache und qualifizierte Zeugnisse.

Einfache Zeugnisse oder **Arbeitsbescheinigungen** geben lediglich über die Person sowie die Dauer und die Art der Beschäftigung Auskunft, womit sich ein Dritter kein Bild von der jeweiligen Stelle und ihren Anforderungen sowie der Leistung und dem Verhalten des Bewerbers machen kann.

Qualifizierte Arbeitszeugnisse enthalten hingegen ausführliche Informationen über die Aufgaben sowie über die erbrachten Leistungen und das Arbeits- und Sozialverhalten, bei Führungskräften auch über das Führungsverhalten.

Welche Art von Arbeitszeugnis ein Arbeitnehmer erhält, bestimmt er in der Regel selbst. Legt ein Bewerber nur eine Arbeitsbescheinigung vor, stellt sich die Frage, weshalb er von seinem früheren Arbeitgeber kein qualifiziertes Zeugnis verlangt hat. Hier liegt dann die Vermutung nahe, dass es Negatives über seine Leistungen oder sein Verhalten enthalten hätte.

Arbeitszeugnisse werden in der Regel bei **Beendigung des Arbeitsverhältnisses** ausgestellt. Bei Versetzungen, Umstrukturierungen oder bei einem Wechsel des Vorgesetzten empfiehlt es sich jedoch für den Arbeitnehmer, ein **Zwischenzeugnis** zu fordern, da sich die neue Stelle möglicherweise als nicht so positiv wie die bisherige erweist oder das Verhältnis zum neuen Vorgesetzten schlechter ist.

Bei der Erstellung eines Zeugnisses ist das Unternehmen an bereits vorhandene Bewertungen aus Zwischenzeugnissen und Leistungsbeurteilungen gebunden, sofern sich nicht nachträglich für diese Zeiträume neue Tatbestände ergeben. Es übernimmt diese Bewertungen, ohne dass die wörtlichen Formulierungen verwendet werden müssen, und ergänzt sie für die Situation nach der letzten Zeugnisausstellung.

Der **Anspruch** auf Erstellung eines Arbeitszeugnisses verjährt nach drei Jahren, er kann jedoch bereits früher verwirkt sein, wenn es im Nachhinein nicht mehr möglich ist, die Leistungen des Mitarbeiters zu beurteilen, etwa weil die damaligen Vorgesetzten nicht mehr im Unternehmen tätig sind oder sich nicht mehr genau erinnern können und keine Unterlagen mehr vorhanden sind. In diesen Fällen kann lediglich eine einfache Arbeitsbescheinigung ausgestellt werden. Beim nächsten Auswahlverfahren stellt sich dann die Frage, warum der Bewerber nicht frühzeitig ein qualifiziertes Zeugnis von seinem früheren Arbeitgeber angefordert hat.

Sollte der Mitarbeiter nicht mit seiner Beurteilung einverstanden sein, muss er unverzüglich eine Berichtigung verlangen und diese ggf. einklagen.

Arbeitszeugnisse dürfen im Original weder verbessert noch sonst irgendwie abgeändert werden, sondern müssen, sollten sie fehlerhaft sein, vollständig neu geschrieben werden. Der Mitarbeiter kann ein Zeugnis mit Schreibfehlern, Verbesserungen, Knicken, Flecken etc. ablehnen und ein neues fordern.

Ein formal einwandfreies Arbeitszeugnis enthält Ausstellungsort und -datum. Informationen über das ausstellende Unternehmen ergeben sich in der Regel aus dem **Briefkopf**. Eine **Überschrift** verdeutlicht, um welche Art von Zeugnis es sich handelt, z.B. um ein Zwischenzeugnis. Es folgen Angaben zur Person des Mitarbeiters. Dann kommt der eigentliche **Zeugnistext**. Er enthält diese **Informationen**:

- Angaben zum Unternehmen und zum Beschäftigungsverhältnis
- Angaben zu den Tätigkeiten, wie Bezeichnung der Stelle(n) und der/den hierarchischen Position(en), Aufgaben und Kompetenzen sowie Informationen zur Entwicklung, die der Mitarbeiter im Unternehmen gemacht hat
- Angaben zu Leistungen sowie Arbeits- und Sozialverhalten und ggf. zur Führung von Mitarbeitern
- Gesamtbeurteilung
- Schlussformel
- Unterschriften und Ausstellungsdatum

Das Unternehmen hat freie Hand, wie es die Informationen über den Mitarbeiter formuliert. Dabei sind jedoch bestimmte **Grundsätze** zu beachten:

- Sorgfaltspflicht
- Wahrheitspflicht
- Pflicht zu wohlwollenden Formulierungen

Die **Sorgfaltspflicht** besagt, dass die Angaben über Art und Zeitraum der Tätigkeiten des Arbeitnehmers exakt und vollständig sein müssen. Dies gilt auch für Beurteilungen der Leistungen und des Sozialverhaltens des Mitarbeiters, die stets begründet sein müssen.

Zur **Wahrheitspflicht** gehört es, dass das Unternehmen alle wichtigen Leistungen und Verhaltensweisen des Mitarbeiters nennt. Er darf weder absichtlich zu gut noch zu schlecht beurteilt werden. Entsteht dem neuen Arbeitgeber ein Schaden, weil er sich auf die Vollständigkeit und die Richtigkeit dieser Aussagen verlassen hat, haftet der frühere Arbeitgeber.

Ein Arbeitszeugnis muss zudem **wohlwollend** formuliert sein, damit der Mitarbeiter in seinem weiteren Berufsleben nicht benachteiligt wird. Diese Forderung ergibt sich aus der **Fürsorgepflicht** des Arbeitgebers. Ungünstige Angaben sollen nach Möglichkeit vermieden werden. Schlechte Leistungen oder unangemessenes Verhalten dürfen aber nicht verschwiegen werden, da dies gegen die Wahrheitspflicht verstoßen würde. Vorübergehend schlechte Leistungen oder einmalige Fehler sollen nicht genannt werden, falls der Mitarbeiter ansonsten gute Leistungen erbracht hat. Da Abmahnungen den Gesamteindruck vom Mitarbeiter negativ beeinflussen, dürfen sie nicht erwähnt werden.

Bei schwerwiegenden Verfehlungen muss der **Grund der Kündigung** angegeben werden. Ansonsten soll er nur erwähnt werden, wenn der Mitarbeiter dies wünscht, etwa weil er selbst gekündigt hat. Auch wenn die Kündigungsursache beim Unternehmen liegt, zum Beispiel bei einer Werksschließung, wird der Grund oft genannt. So soll deutlich werden, dass die Kündigung nicht im Verschulden des Mitarbeiters liegt.

Die Art der Kündigung, z.B. eine außerordentliche Kündigung, darf ebenfalls nicht genannt werden. Sie kann sich aus dem Ausstellungsdatum oder dem Zeitpunkt der Beendigung des Arbeitsverhältnisses ergeben.

Die Erwähnung von **Gewerkschafts- oder Betriebsratstätigkeiten** ist nur auf ausdrücklichen Wunsch des Arbeitnehmers erlaubt. Auch Formulierungen, aus denen man auf ein entsprechendes Engagement schließen kann, wie „… hat sich auch außerhalb des Betriebes sehr für die Belange der Arbeitnehmer eingesetzt…“, sind unzulässig.

Auf **Krankheiten** des Mitarbeiters darf der Arbeitgeber im Zeugnis nicht eingehen, selbst dann nicht, wenn dem Arbeitnehmer krankheitsbedingt gekündigt wurde. Nur dann, wenn der Mitarbeiter so lange krank war, dass eine korrekte Beurteilung seiner Leistung und seines Verhaltens nicht mehr möglich ist, kann die Krankheit erwähnt werden. Ist eine Gefährdung Dritter durch die Krankheit möglich, muss sie angegeben werden.

Die Verwendung von Geheimzeichen, Unterstreichungen, Anführungszeichen, Ausrufezeichen und Fragezeichen ist nicht zulässig.

Allerdings sind bestimmte Formulierungen und Vorgehensweisen bei der Zeugniserstellung üblich, sie werden unter dem Begriff **Zeugnissprache** zusammengefasst.

Da die Zeugnissprache nicht von allen Arbeitgebern beherrscht wird, ist der **Aussagewert** vieler Arbeitszeugnisse fraglich. So kann ein Unternehmen in Unkenntnis der üblichen Formulierungen und damit aufgrund einer falschen Wortwahl eine andere Beurteilung abgeben, als es eigentlich beabsichtigte. Es kommt allerdings auch vor, dass Arbeitszeugnisse geschönt werden, um einen Mitarbeiter, mit dem man in Wahrheit nicht zufrieden war, „wegzuloben".

Oftmals werden Zeugnisse auch deshalb bewusst zu positiv formuliert, um möglichen Klagen seitens des ehemaligen Mitarbeiters vorzubeugen. Manchmal soll Mitarbeitern, denen aus Gründen gekündigt wurde, die sie selbst nicht zu verantworten haben (z.B. schlechte Auftragslage oder Umstrukturierungen), die Stellensuche mit einem besonders guten Zeugnis erleichtert werden.

Erschwerend kommt hinzu, dass nicht alle mit der Personalauswahl beauftragten Mitarbeiter mit der Zeugnissprache vertraut sind, sodass Zeugnisse oft falsch interpretiert werden.

Die heute gängige Zeugnissprache hat sich insbesondere aus dem **Dilemma des Arbeitgebers** heraus entwickelt, Zeugnisse wahrheitsgemäß, aber auch wohlwollend formulieren zu müssen. Sie verwendet bestimmte **Formulierungen und Vorgehensweisen**, denen besondere Bedeutung zukommt. Soll das Zeugnis richtig interpretiert werden, muss man diese kennen.[36]

Dabei ist es auch von Bedeutung, wann das Zeugnis erstellt wurde. Arbeitszeugnisse, die bereits vor längerer Zeit geschrieben wurden, sind oft direkter formuliert, als es heute üblich ist. Da Unternehmen arbeitsgerichtlichen Auseinandersetzungen aus dem Weg gehen wollen und Arbeitnehmer heute schneller als früher zu solchen Konfrontationen bereits sind, werden die Aussagen in Zeugnissen immer vorsichtiger.

Bei der Interpretation ist außerdem die Größe des Unternehmens zu beachten, welches das Zeugnis ausgestellt hat. Bei Großunternehmen sind Standardformulierungen und meist auch die Verwendung einer Software zur Zeugniserstellung üblich. Man kann davon ausgehen,

---

[36] Vgl. Maron (2012), S. 22 f.; Bröckermann (2012), S. 77 ff.

dass die Besonderheiten der Zeugnissprache bekannt sind und bestimmte Formulierungen bewusst gewählt werden, während dies bei kleinen und mittleren Unternehmen oft nicht der Fall ist. Deshalb kann es schwierig sein, deren Aussagen zu werten, da nicht immer klar ist, ob der Aussteller mit der Zeugnissprache vertraut war und bestimmte Formulierungen bewusst gewählt hat oder ob er eine ganz andere Bewertung abgeben wollte, als seine Wortwahl vermuten lässt und diese nur zufällig war.

Bei der **Auslegung von Arbeitszeugnissen** ist es nicht nur notwendig, auf ganz bestimmte Ausdrücke zu achten, man muss auch „**zwischen den Zeilen lesen**".

Ein gutes Arbeitszeugnis, bei dem die Zeugnissprache beachtet wird, enthält eine überwiegend positive Wortwahl und viele **aktive Formulierungen**. Vornehmlich **passive Formulierungen** deuten hingegen darauf hin, dass der Mitarbeiter selbst nicht aktiv war, sondern ständig von außen zur Leistungserbringung angeregt werden musste.

Die **Länge des Zeugnisses** muss zur Stelle und der Dauer der Betriebszugehörigkeit passen. Je hochwertiger die Stelle, desto eher wird eine ausführliche Beurteilung erwartet.

Ein sehr knappes Zeugnis für einen langjährigen Mitarbeiter ist ein Hinweis darauf, dass in letzter Zeit Probleme aufgetreten sind.

Bereits aus dem **Einleitungssatz und der Aufgabenbeschreibung** kann sich unter Umständen eine Bewertung des Arbeitnehmers herauslesen lassen. Aktive, wertfreie Formulierungen wie „...war tätig als..." und „...übernahm die Aufgaben..." oder passive Abfassungen wie „...wurde beschäftigt als..." bzw. „...wurde eingesetzt als..." lassen Rückschlüsse auf dessen Engagement zu. Eine Formulierung wie „...er fand Verwendung als..." lässt auf eine ungenügende Leistung schließen.

Die **Reihenfolge der aufgeführten Aufgaben** ist ebenfalls. Werden zuerst unwichtige und dann wichtige Aufgaben aufgezählt, entspricht dies meist der Eignung des Arbeitnehmers, d.h. wichtige Aufgaben wurden schlecht erfüllt.

Einen Überblick über wichtige **gebräuchliche Formulierungen** gibt Abb. 3.

Beispiele für die Zeugnissprache	
Formulierung	**Bedeutung**
Seine Leistungen haben in jeder Hinsicht unsere volle Anerkennung gefunden.	Er war ein sehr guter Mitarbeiter.
Er war immer mit Interesse bei der Sache.	Er hat sich zwar angestrengt, aber er hat nichts geleistet.
Mit seinen Vorgesetzten ist er gut zurechtgekommen.	Er war ein Ja-Sager und Mitläufer und hat sich immer angepasst.
Wir lernten ihn als einen umgänglichen Menschen kennen.	Er ging vielen Mitarbeitern auf die Nerven und war schlecht gelitten.
Durch seine Geselligkeit trug er zur Verbesserung des Betriebsklimas bei.	Er neigt zu starkem Alkoholgenuss.
Für die Belange der Kollegen zeigte er stets Einfühlungsvermögen.	Er suchte sexuelle Kontakte im Unternehmen.
Wir haben ihn als einsatzwilligen und sehr beweglichen Mitarbeiter kennengelernt, der stets bemüht war, die ihm übertragenen Aufgaben zur vollsten Zufriedenheit in seinem und im Interesse des Unternehmens zu lösen.	Er hat uns sehr geschickt bestohlen.
Wir bestätigen gerne, dass Herr X mit Fleiß, Ehrlichkeit und Pünktlichkeit an seine Aufgaben herangegangen ist.	Er war fachlich inkompetent.
Er hatte Gelegenheit, sich Wissen anzueignen.	Er hat die Gelegenheit nicht genutzt.
Das Arbeitsverhältnis mit Herrn X dauerte von … bis …	Herr X war häufig/lange krank.
Er hat sich nach Kräften bemüht, die Leistungen zu erbringen, die wir an diesem Arbeitsplatz in der Regel erwarten.	Er hat völlig ungenügende Leistungen erbracht.
Er war ein nicht unbeliebter Vorgesetzter.	Sein Führungsverhalten war mäßig.
Seine Mitarbeiterführung war stets vorbildlich.	Er ist eine hervorragende Führungskraft.
Er hat alle Aufgaben ordnungsgemäß erledigt.	Er ist ein Bürokrat und zeigt keinerlei Eigeninitiative.
Aufgrund seiner Pünktlichkeit war er stets ein gutes Vorbild.	Seine Leistung war unterdurchschnittlich und er war in jeder Hinsicht unbrauchbar.
Er war bei unseren Kunden schnell beliebt.	Er machte schnell Zugeständnisse.

Abb. 3: Gebräuchliche Formulierungen der Zeugnissprache[37]

[37] In Anlehnung an Oechsler/Paul (2015), S. 232 ff.; Jung (2017), S. 795.

Die **Beurteilung der Leistung** des Mitarbeiters enthält Aussagen über:

- Fachwissen
- Arbeitsbereitschaft
- Ausdauer und Belastbarkeit
- Flexibilität und Aufgeschlossenheit
- Zuverlässigkeit, Vertrauen und Verantwortung
- Arbeitsweise und Arbeitserfolg

Neben bestimmten Standardformulierungen wird auch mit **vielsagendem Verschweigen** und mit **Hervorheben** gearbeitet. Entscheidend ist dabei nicht, dass Eigenschaften und Verhaltensweisen positiv bewertet werden, sondern um **welche** es sich handelt. Bei der Analyse muss geprüft werden, wie die Arbeitsleistung hätte sein sollen. Werden unwichtige Aspekte besonders hervorgehoben, geht man davon aus, dass der Mitarbeiter wichtige Dinge vernachlässigt bzw. nicht gekonnt hat.

Fehlende Aussagen über **berufstypische Merkmale** sind grundsätzlich negativ zu bewerten.[38] Dabei kann es sich z.B. um die Ehrlichkeit eines Kassierers, die Verschwiegenheit einer Chefsekretärin oder das Vertrauen in eine Mitarbeiterin der Personalabrechnungsstelle handeln.

Wenn komplexe Aufgaben nur zum Teil beurteilt werden, schließt man daraus, dass die Leistung bei den anderen, unerwähnten Aufgabenteilen nicht bemerkenswert war. Wird die Genauigkeit ohne weitere Ergänzung hervorgehoben, liegt der Verdacht nahe, dass die erbrachte Arbeitsmenge gering war. Wird nur die Schnelligkeit betont, steht die Qualität der Arbeitsleistung infrage. Werden Tätigkeiten ohne Beurteilung aufgezählt, bedeutet dies, dass über die Aufgabenerfüllung nichts Gutes gesagt werden kann. Folgt andererseits nach jeder aufgezählten Tätigkeit eine ausführliche Beurteilung, liegt der

---

[38] Vgl. Kolb (2010), S. 118.

Schluss nahe, dass der Mitarbeiter für einige Aufgaben besser geeignet war als für andere bzw. dass er nicht kontinuierlich gute Arbeit geleistet hat.

Doppelte Verneinungen wie „...seine Leistungen waren nicht unbedeutend..." oder „...er war bei seinen Kollegen nicht unbeliebt..." sind als besonders **negative** Beurteilungen zu deuten.

Mit dem **Sozialverhalten** bewertet das Unternehmen das Verhalten des Mitarbeiters

- gegenüber Vorgesetzten
- gegenüber Kollegen
- gegenüber weiteren Personen und Institutionen wie Kunden, Lieferanten, Besuchern und anderen Externen
- in anderen sozialen Situationen

Bei Führungskräften wird neben dem allgemeinen Arbeits- und Sozialverhalten zusätzlich das Verhalten gegenüber unterstellten Mitarbeitern einbezogen.

Es erfolgt dabei zunächst eine Beurteilung des Verhaltens gegenüber Vorgesetzten und Kollegen und ggf. gegenüber den Mitarbeitern. Daran schließen sich Aussagen zum Verhalten gegenüber Kunden, Lieferanten, Besuchern und weiteren Externen an. Auch Aussagen zur Vertrauenswürdigkeit, Diskretion und Loyalität haben hier ihren Platz.[39] Wie bei den anderen Beurteilungsaspekten haben sich Standardformulierungen herausgebildet, außerdem ist die Reihenfolge von Bedeutung. Wird sie vertauscht oder fehlt ein Aspekt, geht man von Schwierigkeiten aus. Bei Führungskräften hat die Bewertung des Führungsverhaltens und der Führungsleistung großes Gewicht. Knappe Aussagen lassen vermuten, dass das Unternehmen nicht zufrieden war, handelt es sich doch um wesentliche Aufgaben eines Vorgesetzten, die entsprechend ausführlich gewürdigt werden müssten.

---

[39] Vgl. Weuster (2012 a), S. 188 f.

Die **Gesamtbeurteilung der Leistung** erfolgt ebenfalls nach bestimmten Standards. Aussagen wie „...seine Leistungen haben in jeder Hinsicht unsere volle Anerkennung gefunden..." oder „...er hat unsere Erwartungen immer und in jeder Hinsicht erfüllt..." haben mittlerweile die früher übliche, hölzern klingende Formulierung „...hat die ihm übertragenen Aufgaben stets zu unserer vollsten Zufriedenheit erfüllt..." als Standardaussage für eine sehr gute Gesamtbeurteilung weitgehend abgelöst.

Wegen der **Verpflichtung zur wohlwollenden Beurteilung** darf eine ungenügende Gesamtleistung nicht als solche bezeichnet werden. Stattdessen verwendet man z.B. die Formulierung „...hat sich intensiv bemüht, unseren Erwartungen jederzeit gerecht zu werden...".

Die Beurteilung endet mit dem **Schlusssatz**. Er enthält i.d.R.

- Angaben zur Beendigung des Arbeitsverhältnisses
- eine Dankesformel
- gute Wünsche für die Zukunft

Im Schlusssatz macht der Arbeitgeber evtl. Angaben dazu, wer das Beschäftigungsverhältnis aufgelöst hat, ggf. werden auch die Gründe genannt. Das Fehlen eines Kündigungsgrundes legt die Vermutung nahe, dass der Arbeitgeber die Kündigung ausgesprochen hat.

Bei einer arbeitgeberseitigen Kündigung kann der Auflösungsgrund wichtige Informationen liefern. So kann die Angabe, dass eine Filiale geschlossen wurde, ein Indiz dafür sein, dass dem Mitarbeiter nicht aufgrund schlechter Leistung gekündigt wurde und der Arbeitgeber seine Zufriedenheit mit dem Mitarbeiter hervorheben möchte.

Ein ungewöhnliches **Auflösungsdatum**, z.B. der Zwölfte eines Monats, lässt auf eine fristlose Kündigung schließen.

Auf eine **Dankesformel und Zukunftswünsche** hat der Arbeitnehmer rechtlich keinen Anspruch. Sie gehören jedoch zum guten Ton und sagen einiges über das Verhältnis zwischen den Beteiligten aus. Eine gute Beurteilung, die zudem mit einem Dank an den Arbeitnehmer und dem Bedauern über sein Ausscheiden verbunden ist, vermittelt den Eindruck, dass es sich um einen geschätzten Mitarbeiter handelte. Gleiches gilt für die Zukunftswünsche. Fehlen diese, schließt man auf eine ernsthafte Verstimmung zwischen Arbeitgeber und Arbeitnehmer. Soll der Mitarbeiter in besonders positivem Licht dargestellt werden, werden die Zukunftswünsche zusätzlich mit einer **Empfehlung** verbunden.

Bestätigt sich der Eindruck, den man vom Bewerber gewinnt auch aufgrund weiterer Zeugnisse, dann kommt diesem Gesamteindruck ein höheres Gewicht zu als einzelne negative oder positive Formulierungen in einem einzigen Zeugnis.

Insgesamt werden Arbeitszeugnisse immer **unwichtiger** bei der Personalauswahl. Zum einen gibt es immer mehr Superzeugnisse, weil Unternehmen rechtliche Schwierigkeiten scheuen und dazu neigen, so wohlwollend wie möglich zu formulieren und zum anderen, weil Arbeitszeugnisse in nicht deutschsprachigen Ländern kaum bekannt sind und dort auch nicht korrekt interpretiert werden können. Die Internationalisierung der Arbeitsverhältnisse führt dazu, dass **Referenzen** der Vorzug gegeben wird.

2.8 Weiterbildungszeugnisse und Referenzen

Über das Interesse des Bewerbers an Weiterbildung, über seine berufliche Orientierung und ein Engagement, welches über das Normalmaß hinausgeht, geben Weiterbildungszeugnisse Auskunft. Sie enthalten – ergänzend zum Lebenslauf und den Arbeitszeugnissen – Informationen zur Qualifikation des Bewerbers.

Sofern das **Zertifikat** eine Bewertung enthält, kann man Rückschlüsse auf den Lernerfolg ziehen. Handelt es sich um eine Off-the-job-Maßnahme, ist auch der Ruf des Bildungsinstituts von Bedeutung.

Referenzen sind Informationen von einem früheren Vorgesetzten, einem Kollegen oder einer bekannten Persönlichkeit über einen Bewerber. Da der Kandidat die Referenzgeber selbst auswählt, kann kein objektives Urteil erwartet werden. Manche Unternehmen deuten die unaufgeforderte Angabe von Referenzgebern als Imponiergehabe des

Bewerbers, der zeigen will, dass er mit wichtigen Personen bekannt ist. Bei der Auswahl von **Mitarbeitern für höhere Hierarchieebenen** kommt den Referenzen aber große Bedeutung zu. Hier sind sie eine häufig verwendete Informationsquelle. Sie runden den Eindruck über den Bewerber ab und geben oft realistischere Auskunft als Arbeitszeugnisse.[40]

Referenzen können den Bewerbungsunterlagen in schriftlicher Form beigelegt werden, meistens werden sie jedoch als **Auskunftsmöglichkeit** angeboten bzw. gefordert. Das Unternehmen kann – z.B. per Telefon – mündliche Auskünfte zu den Verhaltensweisen und Qualifikationen des Bewerbers bei früheren Arbeitgebern, Vorgesetzten oder Kollegen einholen, wenn sie sich nicht aus den Bewerbungsunterlagen ergeben. Auf diese Weise kann das eigene Urteil abgesichert werden.

Solche **Referenzbefragungen** werden auch oft bei Bewerbern aus dem Ausland eingesetzt, da dort Arbeitszeugnisse wie sie in Deutschland ausgestellt werden, weitgehend unbekannt sind. Im Zuge der Internationalisierung nimmt die Bedeutung von Referenzen deshalb zu.

2.9 Personalfragebögen und biografische Fragebögen

Personalfragebögen ermöglichen einen **einheitlichen Überblick** über die persönlichen Verhältnisse der Bewerber, ihren beruflichen Werdegang, besondere Qualifikationen, den möglichen Zeitpunkt der Arbeitsaufnahme, Gehaltsvorstellungen etc. Sie fassen die wichtigsten beruflichen und persönlichen Daten der Kandidaten zusammen und erleichtern damit dem Unternehmen den Vergleich. Auf diese Weise lassen sich auch Unstimmigkeiten in den Bewerbungsunterlagen leichter feststellen. In der Regel werden heute **Online-Fragebögen** verwendet.

---

[40] Vgl. Lorenz (1998), S. 74; Farin (2008), S. C 5; Jung (2017), S. 161.

Der Betriebs- bzw. Personalrat muss dem Inhalt der Fragebögen zustimmen. Damit soll sichergestellt werden, dass er nur Punkte enthält, die für die Bewerbungssituation von Bedeutung sind, und dass die Intimsphäre der Bewerber gewahrt bleibt. Wie im Vorstellungsgespräch sind auch hier bestimmte Fragen nicht erlaubt. Werden sie dennoch gestellt und falsch beantwortet, kann der Arbeitsvertrag vom Arbeitgeber später nicht aus diesen Gründen angefochten werden.

Biografische Fragebögen sind eine spezielle Form der Personalfragebögen. Dabei handelt es sich um einen standardisierten Fragenkatalog zu einzelnen Lebensabschnitten. Es wird unterstellt, dass das Verhalten in der Vergangenheit ein guter Indikator für das künftige Verhalten ist.[41] Die Daten werden mittels Fragen erhoben, bei denen der Bewerber zwischen mehreren Antworten wählen kann. Durch die Kombination von Fragen und Wiederholungsfragen bzw. sehr ähnlichen Formulierungen sollen falsche Auskünfte leichter erkennbar werden. Die anschließende Auswertung soll Verhaltensmuster und Werteinstellungen des Bewerbers verdeutlichen, die auf sein Arbeitsverhalten schließen lassen.[42]

Beim Entwurf der Fragebögen sind oft Mitarbeiter beteiligt, die bereits eine ähnliche Stelle wie die ausgeschriebene bekleiden. Sie füllen die Fragebögen manchmal auch selbst aus. Der Vergleich ihrer Antworten mit denen der Bewerber soll Aufschlüsse über die Eignung der Kandidaten geben.[43] Kritikpunkte sind insbesondere der hohe Entwicklungsaufwand und die mangelnde empirische Absicherung bzgl. der Ergebnisse. Außerdem verleitet die Anwendung biografischer Fragebögen dazu, neue Mitarbeiter immer nach den gleichen, in der Vergangenheit erfolgreich angewandten Kriterien auszuwählen, während künftige Entwicklungen und Anpassungsnotwendigkeiten zu wenig beachtet werden.

---

[41] Vgl. Stock-Homburg (2013), S. 178.

[42] Vgl. Bröckermann (2012), S. 71 f.; Oechsler (2011), S. 220; Hentze/Kammel (2001), S. 310 f.

[43] Vgl. Jung (2017), S. 174.

2.10 Grafologische Gutachten

Selten wird heutzutage in der Stellenausschreibung eine Handschriftenprobe für ein grafologisches Gutachten erbeten. Es werden Bewegungsmerkmale (Bindungsformen, Druckstärke etc.), Raummerkmale (Größe, Schriftlage, Zeilenabstände etc.), Formmerkmale (Regelmaß, Völle etc.) sowie die Schrift als Ganzes betrachtet.[44] Dazu bedarf es der ausdrücklichen Einwilligung seitens des Bewerbers.

Die **Aussagefähigkeit** dieser Analysen ist sehr umstritten. Weuster kommt nach Auswertung zahlreicher empirischer Untersuchungen zu dem Schluss, dass die prognostische Validität, die nach einer Handschriftenprobe auf der Grundlage eines neutralen Textes gestellt werden, **kaum größer als Null** ist. Die Beurteilung resultiere eher aus dem Inhalt des Textes als aus der Schrift selbst.[45] Die Gutachter bewerten also nicht die Handschrift, sondern die Aussagen in der Schriftprobe. Das ist jedoch gerade **nicht** ihre Aufgabe.

Bei der Bewerberauswahl in Deutschland, Großbritannien und den USA sind grafologische Gutachten weitgehend irrelevant, auch ansonsten werden sie kaum noch eingesetzt. Sie gelten als nicht mehr zeitgemäß und es kommt bei Bewerbern nicht gut an, dass ein modernes Unternehmen auf eher dubiose Verfahren setzt.[46]

2.11 Abschließende Bewertung der Unterlagen

Die Analyse der Bewerbungsunterlagen ermöglicht nur einen ersten Eindruck und dient deshalb lediglich der Vorauswahl der Kandidaten. Jedoch wirken sich gut gestaltete Bewerbungsunterlagen auch positiv auf die Wahrnehmung des Bewerbers bei den Unternehmensvertretern, die das Vorstellungsgespräch führen, aus.[47]

---

[44] Vgl. Jung (2017), S. 165 f.

[45] Vgl. Weuster (2012 a), S. 157 ff.; Oechsler (2011), S. 227.

[46] Vgl. Weuster (2012 a), S. 160.

[47] Vgl. ebd., S. 100.

Bei geeignet erscheinenden Bewerbern schließen sich ein oder mehrere Vorstellungsgespräche und evtl. weitere Auswahlverfahren, wie z.B. ein Assessment Center, an. So sollen ein intensiverer Eindruck gewonnen und Unklarheiten beseitigt werden. Die Ergebnisse der Unterlagenanalyse sind dabei die Grundlage für das Vorstellungsgespräch und die weitere Vorgehensweise.

2.12 Exkurs: Anonymisierte Bewerbungen

In Nordeuropa, etwa in Skandinavien und Belgien, sind anonymisierte Bewerbungen weit verbreitet, im deutschsprachigen Raum werden sie selten eingesetzt.

In 2011 wurde auf Initiative der Antidiskriminierungsstelle des Bundes das Pilotprojekt **Anonymisierte Bewerbungen** gestartet. Obwohl das Projekt bei den Medien auf ein sehr breites Echo stieß, beteiligten sich nur neun Unternehmen und öffentliche Einrichtungen unterschiedlicher Größe.

Merkmale wie Name, Alter, Nationalität, Geburtsort, Familienstand und auch das Lichtbild wurden in den Bewerbungsunterlagen weggelassen bzw. geschwärzt oder gestrichen. Damit sollten Diskriminierungen vermieden werden.

Die Analyse ergab, dass die Einladungswahrscheinlichkeit bei potenziell diskriminierten Bewerbergruppen tatsächlich zunahm.[48] Insbesondere zeigte sich, dass einige teilnehmende Betriebe nun wesentlich bewusster mit dem Problem der Diskriminierung umgehen wollen. Andererseits waren Unternehmen auch der Auffassung, dass die Anonymisierung des Bewerbungsprozesses einen Verzicht auf positive Diskriminierungsmöglichkeiten bedeute, bzw. dass anonymisierte Bewerbungen aufgrund der bereits im Unternehmen gelebten Diversity überflüssig seien.[49]

---

[48] Vgl. Lemmer (2012), S. 56; Theissen/Budras (2013), C 2.

[49] Vgl. Lemmer (2012), S. 56 f.

Eine aktuelle Studie des Centre of Human Resources Information Systems (CHRIS) zeigt, dass weder Unternehmen noch Kandidaten anonymisierte Bewerbungen aktuell als besonders wichtiges Thema erachten.[50] Allerdings sehen Bewerber eher Vor- als Nachteile und meinen, dass solche Bewerbungsformen in Zukunft an Bedeutung zunehmen könnten. Das gilt insbesondere für jüngere Menschen.[51]

Dass sich anonymisierte Bewerbungen in Deutschland durchsetzen, ist eher skeptisch zu beurteilen und bereits aufgrund der geringen Beteiligung am Pilotprojekt nicht sehr wahrscheinlich, auch wenn man dies bei der Antidiskriminierungsstelle anders sieht und nun kleinere Folgeprojekte unterstützt.[52] Auf jeden Fall wurde mit der umfänglichen Diskussion eine Sensibilisierung für Diskriminierungsprobleme bei Bewerbungen erreicht.

3 Vorstellungsgespräch

3.1 Ziele und Arten

Das Vorstellungsgespräch (Bewerbungsgespräch, Interview, Einstellungsgespräch) ist – neben der Unterlagenanalyse – das in der Praxis am häufigsten verwendete Instrument der Personalauswahl.[53] Es dient dazu, die bisherigen Erkenntnisse über den Bewerber zu erweitern und zu ergänzen.

Bisweilen stellen Unternehmen dem Bewerbungsgespräch ein Assessment Center oder andere Testverfahren voran. Insbesondere, wenn die Bewerbung über die Homepage erfolgt, dienen diese meistens online durchgeführten Maßnahmen der weiteren Vorselektion.

---

[50] Vgl. Weitzel et al. (2017), S. 17.

[51] Vgl. ebd., S. 17 f.

[52] Vgl. Theissen/Budras (2013), C 2; o.V. (2014), S. 63.

[53] Vgl. Knoll/Dotzel (1996), S. 348 f.; Weuster (2012 a), S. 191 ff.

In der Regel schließen sich die Interviews jedoch direkt an die Unterlagenanalyse an, weitere Auswahlverfahren folgen erst später. Diese Vorgehensweise bietet sich schon deshalb an, weil hochwertige Eignungstests zeitaufwändig und teuer sind und es deshalb sinnvoll ist, sie nur mit dem kleinen Kreis von Bewerbern durchzuführen, die es in die Endauswahl geschafft haben.

Ziele des Interviews sind:

- einen persönlichen Eindruck vom Bewerber zu gewinnen
- die fachliche Qualifikation des Bewerbers festzustellen
- seine Sozialkompetenzen zu ermitteln
- Ungenauigkeiten und unvollständige Angaben in den Bewerbungsunterlagen zu klären
- die Gründe für den Wunsch nach einem Stellenwechsel zu erfahren
- die Interessen und Erwartungen des Bewerbers kennenzulernen
- beim Bewerber einen positiven Eindruck vom Unternehmen und der ausgeschriebenen Stelle zu erzeugen
- sich als Bewerber über das Unternehmen, seine Leistungen, Arbeitsbedingungen und personalwirtschaftlichen Grundsätze genauer zu informieren
- sich als Bewerber über die ausgeschriebene Stelle und deren Einordnung im Unternehmen zu informieren
- als Bewerber einen ersten Eindruck über die Unternehmenskultur zu erhalten

Neben der **Informationsermittlung** dient das Vorstellungsgespräch also auch der **Informationsvermittlung**. Der Bewerber erhält die Möglichkeit, sich ein genaueres Bild vom Unternehmen und dem Aufgabengebiet zu machen. Er erhält Auskunft über seine Entwicklungsmöglichkeiten und kann überprüfen, ob seine Erwartungen mit denen des Unternehmens übereinstimmen.

Bei der **Art des Vorstellungsgesprächs** (vgl. Abb. 4) unterscheidet man

- nach der Art des **Medieneinsatzes** zwischen Verwendung von Job-Bots, Telefoninterviews, Video-Interviews und Bewerbungsgesprächen mit persönlichem direkten Kontakt
- nach dem **Strukturierungsgrad** zwischen standardisierten, freien und strukturierten Gesprächen
- nach der Zahl der beteiligten **Entscheidungsträger** zwischen Einzel-, Doppel- und Board-bzw. Jury-Interviews
- nach dem **Stressfaktor** zwischen normalen Interviews, Stressinterviews und Tiefeninterviews

Differenzierung des Vorstellungsgesprächs	
nach	in
der Art des Medieneinsatzes	▪ Verwendung von Job-Bots ▪ Telefoninterviews und Sprachanalysetests ▪ Video-Interviews ▪ Bewerbungsgespräche mit direktem, persönlichen Kontakt
dem Strukturierungsgrad	▪ standardisierte Gespräche ▪ strukturierte Gespräche ▪ freie Gespräche
der Anzahl der beteiligten Entscheidungsträger	▪ Einzelinterviews ▪ Doppelinterviews ▪ Jury- oder Board-Interviews
dem Stressfaktor	▪ normale Interviews ▪ Stressinterviews ▪ Tiefeninterviews

Abb. 4: Häufige Arten des Vorstellungsgesprächs

3.2 Differenzierung von Vorstellungsgesprächen

3.2.1 Differenzierung nach dem Medieneinsatz

3.2.1.1 Verwendung von Job-Bots

In letzter Zeit wird viel über sog. **Job-Bots** als Bewerbungsmedium diskutiert. Sie werden auch **Recruiting-Bots** oder **Career-Bots** genannt. Es handelt sich dabei um die Kommunikation mit einem **Programm**, mit dem der Bewerber ortsungebunden über seine Bewerbungsabsichten chattet.[54] Ob man eine solche Vorgehensweise tatsächlich noch als Gespräch bezeichnen kann, muss wohl bezweifelt werden.

Man erhofft sich davon vor allem vorurteilslose Auswahlentscheidungen, da Algorithmen neutral an die Auswahlsituation herangehen.[55] Nicht zu unterschätzen sind beim Einsatz von **Job-Bots** auch Zeit- und Kosteneinsparungen sowohl für Unternehmen als auch für Bewerber, insbesondere weil Bewerbungsunterlagen weitgehend überflüssig werden sollen.

Unternehmen gehen hier davon aus, dass sich besonders **junge Bewerber aufgrund ihrer Sozialisation ungezwungener** fühlen und leichter über Persönliches berichten, wenn sie nicht mit einer menschlichen Kontaktperson, sondern mit einem Computerprogramm kommunizieren. Sie sind diese Art der Kommunikation, z.B. mit „**Alexa**", auch im täglichen Leben gewöhnt.

Fragen nach dem Gehalt oder den Arbeitszeiten fallen ihnen auf diesem Wege z.B. bedeutend leichter.[56]

Die endgültige Auswahlentscheidung trifft jedoch derzeit immer noch ein Mensch. Experten halten es allerdings für möglich, dass hier in absehbarer Zeit eine Änderung eintritt und Bewerber dann gar keine

---

[54] Vgl. Kreuzmann (2018), S. 65; Rudzio (2018), S. 22.

[55] Vgl. Kreuzmann (2018), S. 65.

[56] Vgl. ebd.

Möglichkeit mehr haben, sich und ihre Expertise einem realen Menschen zu präsentieren.[57] Die Qualität der Auswahlentscheidung hängt dann allein von der Qualität der Programmierung des Bots ab. Es ist damit nicht sicher, ob tatsächlich immer die Interessen des Unternehmens in gebührender Art berücksichtigt werden.

Aktuell gibt es z.B. den Hub-Bot des Unternehmens **Hub:raum**, einer Tochtergesellschaft der Telekom, den man auf Facebook anschreiben kann.

Die Verfechter dieser Vorgehensweise gehen davon aus, dass solche Chats mit Bots die klassischen Bewerbungsprozesse in wenigen Jahren weitgehend verdrängen werden. Die meisten Großunternehmen verfolgen diese Entwicklung sehr aufmerksam.

3.2.1.2 Telefoninterviews, Sprachanalysetests und Video-Interviews

Regelmäßig werden heute **Telefoninterviews** durchgeführt, bevor Bewerber zum persönlichen Gespräch eingeladen werden. Sie dienen einer ersten, kostengünstigen und schnellen Vorauswahl.

Neu sind in diesem Zusammenhang sog. **Sprachanalysetests** als spezielle Form. „Neugier, Kontaktfreude, Leistungsbereitschaft, emotionale Stabilität, Verträglichkeit, Selbstorganisation, Statusorientierung, Risikobereitschaft“[58] sowie Dominanzstreben und Stressbelastung sind Eigenschaften, die mit Hilfe eines Computerprogrammes während des Gesprächs festgestellt werden sollen.

Inhaltlich geht es also nicht um fachliche Fragen, sondern vielmehr darum, dass der Computer charakterliche Eigenschaften aufgrund der Stimme ermitteln soll.[59]

Auch sollen auf diesem Wege Menschen identifiziert werden, die zur Unternehmenskultur passen. Dazu misst das Programm, während der

---

[57] Vgl. Kreuzmann (2018), S. 65; Rudzio (2018), S. 22.

[58] Hoffmeyer (2017), S. 63.

[59] Vgl. Rudzio (2018), S. 22.

Bewerber spricht, beispielsweise Stimmhöhe, Lautstärke, Sprechtempo und -rhythmus sowie die Komplexität der Wortwahl, auch ob z.B. viele positive oder negative Worte enthalten sind. Auf den Inhalt des Gesagten kommt es nicht an, den kann das Programm nicht verstehen.[60]

Es steckt die Überlegung dahinter, dass man seine Sprache nicht willkürlich manipulieren kann. Nachvollziehbare Validitätsstudien liegen nicht vor. Entsprechend skeptisch wird das Verfahren in der Wissenschaft beurteilt und eher als Unsinn und hochgradig unplausibel angesehen.[61]

Gleichwohl verwenden es einige Unternehmen, so setzt Randstad bei der internen Auswahl von Disponenten Sprachanalysetests ein. Auch die Fraport AG verwendet diese Tests hausintern, es geht dabei um die Kommunikationsfähigkeit der Führungskräfte. Auch das Versicherungsunternehmen Talanx nutzt solche Software bei der Bewerberauswahl.[62]

Ebenfalls recht neu ist der Einsatz von **Live-Video-Interviews**, i.d.R. per Skype. Sie werden ebenso wie Telefoninterviews zur kostengünstigen und schnellen Vorauswahl genutzt. Bei einer größeren Anzahl geeigneter Bewerber erfordert allerdings die Terminkoordinierung einen erheblichen Aufwand.

Deshalb werden zunehmend **zeitversetzte Video-Interviews** durchgeführt. Die Bewerber beantworten dabei vom Unternehmen vorgegebene, standardisierte Fragen und werden per Video aufgenommen. Sie können in einem festgelegten Rahmen die Zeit und den Ort für die Beantwortung frei wählen. Die Analyse der Informationen im Unternehmen erfolgt erst dann, wenn die Entscheidungsträger dafür Zeit haben. Sie können die Auswertung später nach ihrem eigenen Zeitplan vornehmen und haben zudem die Möglichkeiten der Unterbrechung und des Vergleichs der Bewerbervideos. Auf der Strecke bleibt die

[60] Vgl. Hoffmeyer (2017), S. 63.

[61] Vgl. Schwertfeger (2015), S. 32; Rudzio (2018), S. 22.

[62] Vgl. Hoffmeyer (2017), S. 63; Rudzio (2018), S. 22.

Individualität der Bewerber, Rückfragen seitens des Unternehmens sind nicht möglich. Auch der Bewerber selbst kann keine Fragen stellen und sich kein Bild über das Unternehmen bzw. die zukünftigen Aufgaben machen. Bzgl. der Standardisierung handelt es sich hier um eine besondere Form des strukturierten Interviews, da kaum Freiräume bei der Vorgehensweise gewährt werden.

Video-Interviews können ein persönliches Vorstellungsgespräch nicht ersetzen, sondern lediglich die **Vorauswahl** erleichtern. Bei Bewerbern, die weiter entfernt leben, werden diese Vorgehensweisen immer beliebter, da sie Zeit und Reisekosten sparen. Sie entscheiden sich deshalb oft leichter für eine Bewerbung.

3.2.1.3 Bewerbungsgespräche mit direktem, persönlichem Kontakt

Unter **Bewerbungsgesprächen mit direktem, persönlichem Kontakt** versteht man, dass Entscheidungsträger von Unternehmensseite und Bewerber sich an einem festgelegten Ort persönlich treffen und „face to face" miteinander kommunizieren.

Eine ungewöhnliche Vorgehensweise testet Aldi Süd seit kurzem. Auf dem Absolventenkongress 2017 in Köln fanden die Bewerbungsgespräche zwar direkt und persönlich statt, es handelte sich jedoch um **Gespräche in einer Art Dunkelkammer**. So soll das Vorstellungsgespräch anonymisiert und frei von Vorurteilen durchgeführt werden.[63] In Theorie und Praxis wird diese Art von Vorstellungsgespräch als wenig sinnvoll angesehen. So erläutert Schröder, dass eine Auswahlsituation nie völlig frei von Subjektivität sein kann, es aber darum geht, Objektivität zu fördern. Allerdings ist in einem Vorstellungsgespräch nicht nur von Bedeutung, was gesagt wird, sondern auch wie. Mimik, Gestik und Körpersprache sind durchaus wertvolle Hinweisgeber bei der Entscheidungsfindung.[64] Dies gilt sowohl für die Unternehmens- als auch für die Bewerberseite. Bös stellt den Verantwortlichen ein „Armutszeugnis" aus und bezweifelt ihre Qualifikation

---

[63] Vgl. o.V. (2017), S. 22.

[64] Vgl. ebd.

als Personalmanager, wenn sie erst das Licht ausschalten müssen, um gut qualifizierte Bewerber zu identifizieren.[65] Im Übrigen dürfte es problematisch sein, ein sinnvolles, strukturiertes Gespräch ohne jegliche Notizen durchzuführen und sich auch keine Notizen machen zu können, aber anschließend dennoch eine sinnvolle Entscheidung zu treffen. Durchsetzen werden sich solche Gespräche in der Dunkelkammer wohl nicht, aber Aufmerksamkeit erregen sie auf alle Fälle.

Die erfolgreiche Durchführung eines persönlichen **Bewerbungsgesprächs vor Ort** bedarf der sorgfältigen Vorbereitung auf Unternehmensseite, wobei diese Punkte zu beachten sind:

- Festlegen des äußeren Rahmens, wie z.B. Empfang, Raum und Bewirtung
- ausreichende Zeit einplanen
- angenehme und störungsfreie Gesprächsatmosphäre schaffen
- Festlegen, wer von Unternehmensseite an dem Gespräch teilnehmen soll
- Informationen zum Unternehmen und zur Stelle vorbereiten (z.B. Geschäftsberichte, Organigramme, Stellenbeschreibung)
- Bewerbungsunterlagen bereithalten
- wesentliche Gesprächsinhalte bestimmen
- Gesprächsart und Gesprächsaufbau festlegen

Auch der **Bewerber** sollte sich auf das Vorstellungsgespräch vorbereiten. Er sollte Ort und Zeit bestätigen sowie Auskünfte über das Unternehmen, seine Märkte und die Branche einholen. Soweit möglich sollte er sich zudem über seine zukünftige Tätigkeit informieren und Fragen zu offenen Problembereichen überlegen. Eine gute Vorbereitung seitens des Bewerbers gilt den Unternehmen als Zeichen für die Ernsthaftigkeit der Bewerbung.[66]

---

[65] Vgl. Bös (2017), S. 28.

[66] Vgl. Weuster (2012 a), S. 197.

3.2.2 Differenzierung nach dem Strukturiertheitsgrad

Standardisierte Vorstellungsgespräche laufen nach einem vorgegebenen Schema ab. Die Inhalte und der Gesprächsverlauf sind im Detail festgelegt. Der Interviewer hat keine Freiheit bzgl. der inhaltlichen Ausgestaltung. Allen Bewerbern werden die gleichen Fragen in der gleichen Reihenfolge gestellt, was die Auswertung und den Vergleich der Interviews erleichtert. Allerdings kann so nicht auf die besonderen Merkmale der Kandidaten eingegangen werden, weshalb die Gefahr besteht, dass die Ziele des Vorstellungsgesprächs zum größten Teil verfehlt werden. Eine neue Form der Standardisierung sind die oben genannten **zeitversetzten Video-Interviews**.

Bei unstrukturierten oder **freien Vorstellungsgesprächen** sind die Gesprächsinhalte und der Gesprächsverlauf nicht vorgegeben, sondern völlig offen. Damit entwickelt sich jedes Gespräch anders. Nicht selten wird es ohne sorgfältige Vorbereitung, ohne Anforderungsanalyse und ohne Bewertungsbogen und -unterlagen geführt. Dies führt zu jeweils anderen Themenschwerpunkten, zu Abschweifungen und Zufallsfragen. Die Auswahlentscheidung erfolgt dann letztlich aufgrund von angeblicher Menschenkenntnis, Intuition oder aufgrund des Eindrucks, dass die „Chemie stimmt". Eine rationale Entscheidung ist so nicht möglich. Freie Vorstellungsgespräche sind nur zu einem sehr geringen Maße valide, eine hochwertige Auswahlentscheidung erfolgt eher zufällig. In den USA wurde die Subjektivität freier Bewerbungsgespräche wiederholt von Gerichten beanstandet.[67]

Ein Mittelweg stellt das (teil-)**strukturierte Interview** dar. Hier gibt es einen Gesprächsrahmen mit Kerninhalten und Stichpunkten, zu denen die Bewerber befragt werden sollen. So ist sichergestellt, dass alle wichtigen Aspekte angesprochen werden. Die Fragen werden jedoch nicht zuvor ausformuliert, sondern entwickeln sich im Laufe des Gesprächs. Auch ihre Reihenfolge variiert. Erweiterungen und Abweichungen zu im Vorfeld nicht bedachten Themen sind jederzeit möglich. Strukturierte, sorgfältig vorbereitete Vorstellungsgespräche haben

---

[67] Vgl. Weuster (2012 a), S. 206.

ein besonders hohes Maß an prognostischer Validität.[68] Der Informationsgehalt ist deutlich größer als bei standardisierten und freien Vorstellungsgesprächen.

3.2.3 Differenzierung nach der Anzahl der beteiligten Entscheidungsträger

Je nach **Zahl der Gesprächsteilnehmer** seitens des Unternehmens wird zwischen Einzel-, Doppel- und Board-Interviews unterschieden.

Beim **Einzelgespräch** wird das Bewerbungsgespräch zwischen einem Entscheidungsträger des Unternehmens und dem Bewerber geführt. Einzelinterviews finden häufig **seriell** statt, etwa zunächst mit einem Mitarbeiter der Personalabteilung und anschließend mit dem künftigen Fachvorgesetzten. Auf diese Weise lässt sich das Gespräch persönlicher führen, als wenn mehrere Unternehmensvertreter gleichzeitig anwesend sind. Außerdem kann sich eher ein Vertrauensverhältnis zwischen den Gesprächspartnern entwickeln, was dazu führt, dass die Bewerber meistens aufgeschlossener sind und Fragen konkreter beantworten. Allerdings besteht die Gefahr, dass der Gesprächsführende bei seiner Beurteilung zu sehr seiner subjektiven Wahrnehmung unterliegt.

Bei **Doppelinterviews** wird das Gespräch von zwei Personen – in der Regel aus der Personal- und aus der Fachabteilung – geführt. Das bedeutet, dass sich der Bewerber auf beide Gesprächspartner einstellen muss. Auf diese Weise können das Rollenverhalten und die Persönlichkeit des Bewerbers deutlicher hervortreten, außerdem werden so eher Fehleinschätzungen vermieden, da zwei Unternehmensvertreter ihre Meinungen austauschen können. Viele Bewerber empfinden diese Vorgehensweise außerdem als fairer und erwarten eine höhere Objektivität, wenn ihre Beurteilung nicht nur von einer Person abhängt.

Sind gleichzeitig mehr als zwei Unternehmensvertreter – meist höherer Hierarchieebenen – beteiligt, spricht man auch von **Board-**

---

[68] Vgl. Funk/Nachtwei/Melchers (2015), S. 27; Weuster (2012 a), S. 197; Achouri (2007), S. 16.

Interviews. Die Bezeichnungen **Jury-Interview**, **Multiples Interview** und **Panel Interview** sind ebenfalls gebräuchlich. Sie werden meistens bei Führungskräften angewendet. Durch die zusätzlich gewonnenen Eindrücke will man sich ein noch genaueres Bild vom Bewerber machen.

Die zusätzliche **Mitwirkung künftiger Kollegen** kann die Entscheidung weiter verbessern, da die prognostische Validität steigt. Eine zu große Zahl von Gesprächsteilnehmern kann jedoch beim Bewerber das Gefühl erzeugen, sich in einer unangenehmen Prüfungssituation zu befinden, was nicht selten dazu führt, dass er sich während des Interviews verschließt.

3.2.4 Differenzierung nach dem Stressfaktor

Um die psychische Belastbarkeit der Bewerber zu überprüfen, werden neben „normalen Interviews" gelegentlich **Stressinterviews** durchgeführt.[69] Der Kandidat wird durch provozierende und verunsichernde Fragen oder Verhaltensweisen seitens der Interviewer stark unter Druck gesetzt. Sollte der Zusammenhang der Vorgehensweise mit der Stelle nicht ersichtlich sein, dann sollte sie dem Bewerber anschließend unbedingt erläutert werden. Andersfalls muss das Unternehmen mit Unverständnis, Ablehnung und Vertrauensverlust rechnen.

Gemäßigte Formen von Stressinterviews sind durchaus verbreitet. Dazu zählen beispielsweise lange, **absichtliche Pausen** der Interviewer nach der Beantwortung einer Frage. Dies soll den Bewerber verunsichern und ihn dazu bringen, seine Antworten zu ergänzen oder zu korrigieren.

Auch ein abrupter **Wechsel in eine Fremdsprache**, die für die spätere Tätigkeit von Bedeutung ist, kommt häufiger vor.[70]

Mit **Tiefeninterviews** wird versucht, Einstellungen und Motive des Bewerbers – auch unbewusste – zu ermitteln.[71] Man geht hier davon

---

[69] Vgl. Achouri (2007), S. 21, Scholz (2011), S. 226.

[70] Vgl. Achouri (2007), S. 21.

aus, dass Menschen über Bewusstseinsinhalte verfügen, die ihr Denken und Handeln beeinflussen. Sie sind sich derer oft nicht bewusst, bzw. können sie nicht erläutern. Mit einer ganzen Batterie von Fragen versucht man, diese zu erfassen. Dabei werden häufig Fragen gestellt, deren Sinn dem Bewerber nicht unmittelbar einsichtig ist.

Viele Kandidaten empfinden diese Techniken als unangenehm oder fühlen sich manipuliert und unfair behandelt, was nicht selten zur Folge hat, dass ihr Interesse an der Position und dem Unternehmen sinkt.

Der Imageverlust, den das Unternehmen dann erleidet, übersteigt oft den Erkenntnisgewinn, deshalb sollte genau abgewogen werden, ob sich der Einsatz solcher Mittel lohnt. Ein Vorstellungsgespräch sollte **keine mündliche Prüfung** für den Kandidaten sein, sondern ein **Gespräch auf Augenhöhe** mit Informationen für das Unternehmen und für den Bewerber.

3.3 Zulässige Fragen und Ablauf

In einem Bewerbungsgespräch sind nur solche **Fragen** zulässig, die für die ausgeschriebene Position von Bedeutung sind. Andernfalls kann der Bewerber sie falsch beantworten, ohne dass deshalb ein zustande gekommener Arbeitsvertrag durch das Unternehmen angefochten werden kann.

Negative Rechtsfolgen können sich nur ergeben, wenn er auf eine zulässige Frage absichtlich eine falsche Antwort gibt.

Dem berechtigten Interesse des Bewerbers nach der Wahrung seiner Privat- und Intimsphäre steht auf der anderen Seite das Interesse des Unternehmens gegenüber, eine qualifizierte Person einzustellen, welche dem benötigten Anforderungsprofil möglichst genau entspricht.

Entsprechend obliegt dem Bewerber eine **Offenbarungspflicht**, d.h. er ist dazu verpflichtet, das Unternehmen über alle Sachverhalte zu

---

[71] Vgl. Scholz (2011), S. 226.

unterrichten, die für das Beschäftigungsverhältnis von Bedeutung sein könnten, und zudem alle Informationen zu erteilen, die ihn für die zu besetzende Position möglicherweise ungeeignet machen könnten.

Zulässig sind beispielsweise in der Regel Fragen nach:[72]

- beruflicher Ausbildung und Studium
- beruflichen Fähigkeiten und beruflichem Werdegang
- Sprachkenntnissen
- Motiven für den Arbeitsplatzwechsel
- Kenntnissen über das Unternehmen
- Nichtbeschäftigungszeiten
- öffentlichen Ämtern und Ehrenämtern
- bisherige Entgelthöhe, allerdings nur wenn dies für die neue Stelle von Bedeutung ist
- Staatsangehörigkeit
- ansteckenden und chronischen Krankheiten, falls sie für die Stelle von Bedeutung sind
- Schwerbehinderung, und zwar wegen der sich daraus für den Arbeitgeber ergebenden gesetzlichen Pflichten
- Wettbewerbsverboten, die im Zusammenhang mit dem Unternehmen bzw. der Stelle stehen könnten

Nicht zulässig sind insbesondere Fragen nach: [73]

- Vorstrafen (außer es besteht ein konkreter Bezug zur Stelle, z.B. Unterschlagung bei einer Stelle als Kassierer)
- einem baldigem Kinderwunsch oder dem Vorliegen einer Schwangerschaft
- sexueller Orientierung

---

72 Vgl. Oechsler (2011), S. 222.

73 Vgl. ebd.

- Vermögensverhältnissen (außer bei Vertrauenspositionen)
- Konfessions-, Gewerkschafts- und Parteizugehörigkeit (außer bei Tendenzbetrieben)
- Abstammung und Herkunft
- allgemeinem Gesundheitszustand

Beim Bewerbungsgespräch ist das Allgemeine Gleichbehandlungsgesetz (AGG) zu beachten. Es verbietet alle Fragen nach ethnischer Herkunft, Rasse, Weltanschauung, Religion, sexueller Identität, Behinderung und Alter, sofern nicht ganz konkrete berufliche Anforderungen dem entgegenstehen. Zum Beispiel ist bei Tätigkeiten, bei denen eine regelmäßige Nachtarbeit erforderlich ist, von Gesetzes wegen ein Mindestalter des Stelleninhabers zu beachten. Insofern ist dann selbstverständlich die Frage nach dem Alter in diesem Fall zulässig.

Zwischen der Bedeutung, die den Vorstellungsgesprächen von Unternehmensseite eingeräumt wird, und ihrer **Validität** besteht manchmal eine erhebliche Diskrepanz.

Die Ursachen sind in Abb. 5 zusammengefasst.

Vorstellungsgespräche

Ursachen für Validitätsdefizite

- ungenügende Vorbereitung auf das Interview
- mangelnder Zusammenhang zwischen den Fragen und den Stellenanforderungen
- Suggestivfragen, auf die der Bewerber so antwortet, wie der Gesprächspartner es wünscht
- unvollständige Verarbeitung der Informationen, die der Bewerber gibt
- Bewertung der Antworten des Bewerbers wird durch die Einstellungen und Überzeugungen des Gesprächspartners beeinflusst

- Eindrücke während der ersten Gesprächsminuten werden überbewertet
- Überbewertung negativer Informationen
- Einfluss emotionaler Aspekte auf das Urteil
- Kontrasteffekte, wonach z.B. ein mittelmäßiger Bewerber, der auf einen oder mehrere schlechte Kandidaten folgt, als besonders gut erscheint
- Interviewer spricht die meiste Zeit selbst

Abb. 5: Validitätsdefizite bei Vorstellungsgesprächen[74]

Unabhängig von der Art des Interviews haben sich für seinen **Ablauf** bestimmte Vorgehensweisen herausgebildet. Es empfiehlt sich, zunächst allgemeine und dann in immer stärkerem Maße sachliche und fachbezogene Fragen zu stellen. Das Vorstellungsgespräch läuft idealer Weise in **sieben Phasen** ab:[75]

- Die **erste Phase** dient dazu, den Kontakt zwischen den Beteiligten herzustellen. Es geht darum, eine entspannte Atmosphäre zu schaffen, Schwellenängste abzubauen und sich auf den Gesprächspartner einzustellen. Dazu dienen die Vorstellung der Beteiligten, Fragen nach der Anreise, die Zusicherung von Vertraulichkeit und die Beschreibung der weiteren Vorgehensweise. Auch erste Fragen, mit denen nähere Informationen über den Bewerber eingeholt werden sollen, gehören zu dieser Phase. So kann das Interesse an der ausgeschriebenen Stelle dadurch ermittelt werden, dass dem Bewerber beispielsweise Fragen zum Unternehmen gestellt werden, woraus sich ergibt, ob er sich mit ihm und seinen Produkten bzw. Dienstleistungen vertraut gemacht hat. Die Antwort lässt auch Schlüsse auf den Grad der Eigeninitiative zu, da sie zeigt, ob sich der Bewerber selbständig über die Gegebenheiten des Unternehmens informiert hat.

---

[74] In Anlehnung an Horsch (2000), S. 85.

[75] Vgl. Hentze/Kammel (2000), S. 322; Horsch (2000), S. 84; Stopp (2006), S. 92.

- In der **zweiten Phase** geht es um den persönlichen, familiären und sozialen Hintergrund. Mit Fragen zum sozialen Umfeld will man z.B. feststellen, ob der Bewerber in das Unternehmen und das spätere Team passt und auch, wie kommunikativ und kontaktfähig er ist. Man erhält außerdem Informationen über seine Mobilität, Flexibilität und Integrationsfähigkeit. Fragen zur Familie und zum Freizeitverhalten werden ebenfalls gestellt. Sie lassen erste Schlüsse auf die Persönlichkeit zu.

- Bei **Phase drei** steht der Bildungsweg im Mittelpunkt. Es geht um die Schul- und Hochschulausbildung, um die berufliche Ausbildung sowie um absolvierte Personalentwicklungsmaßnahmen. Auf diese Weise soll herausgefunden werden, inwieweit bestimmte Interessen frühzeitig vorhanden waren und ob der Bewerber seinen Neigungen systematisch gefolgt ist. Bei Bruchstellen im Lebenslauf wird nach den Gründen gefragt und geklärt, ob der Bewerber sich oder andere dafür verantwortlich macht. Außerdem gewinnt man Anhaltspunkte zu seinem Bildungsengagement.

- In **Phase vier** liegt der Schwerpunkt auf der beruflichen Entwicklung und der fachlichen Qualifikation des Bewerbers. Dabei werden die bisherigen Tätigkeitsfelder sowie in der Bewerbungsunterlagenanalyse offen gebliebene Fragen thematisiert. Außerdem werden die Gründe für den angestrebten Wechsel analysiert. Weiterhin geht man der Frage nach, ob für die bisherige berufliche Entwicklung eher die Zielstrebigkeit des Bewerbers oder der Zufall ausschlaggebend war. Auch das Verhältnis zu früheren Vorgesetzten, Kollegen und Mitarbeitern ist von Bedeutung. Aus den Antworten lassen sich Rückschlüsse auf Initiative, Kritikfähigkeit und Selbsteinschätzung des Bewerbers ziehen.

- In **Phase fünf** erhält der Bewerber Informationen über das Unternehmen und die zu besetzende Stelle. Die bisherige Unternehmensentwicklung und mögliche berufliche Perspektiven werden dargestellt. Er erhält Auskunft darüber, wo die ausgeschriebene Stelle innerhalb der Unternehmensstruktur angesiedelt ist. Aufgaben, Kompetenzen und Verantwortungsbereiche werden – eventuell anhand der Stellenbeschreibung – erörtert und Personalentwicklungsmöglichkeiten und notwendige Bildungsmaßnahmen aufgezeigt. Auf diese Weise kann sich der Bewerber ein Bild von der Unternehmenssituation und der Bedeutung der Stelle sowie von seinen Karrieremöglichkeiten machen. Er kann beurteilen, ob die vakante Position und die Rahmenbedingungen seinen Vorstellungen entsprechen oder nicht.

- **Phase sechs** dient den Vertragsverhandlungen. Jetzt geht es um die konkrete Ausgestaltung des Arbeitsvertrages, den frühestmöglichen Einstellungstermin und Entgeltaspekte. Ein im Gehaltsgefüge zu hoch angesiedeltes Gehalt kann zu Konflikten mit anderen Mitarbeitern führen, da sie, sollte die Entgelthöhe bekannt werden, eine Gehaltserhöhung erwarten oder sich ungerecht behandelt fühlen, was eine verringerte Motivation oder gar Wechselabsichten nach sich ziehen kann. Andererseits kann ein zu niedriges Gehalt die gleichen Überlegungen beim neuen Mitarbeiter auslösen.

- Die **siebte Phase** bildet den Abschluss des Bewerbungsgesprächs. Die Ergebnisse der vorherigen Phasen werden hier zunächst kurz zusammengefasst, außerdem wird ein Entscheidungstermin bzw. mindestens ein Termin für einen weiteren Kontakt festgelegt. Weiterhin sollte man dem Bewerber immer – unabhängig davon, ob man ihn für geeignet hält oder nicht – ausdrücklich für sein Interesse am Unternehmen und an der ausgeschriebenen Stelle sowie für sein Kommen danken. Schließlich sind mit einer Bewerbung grundsätzlich Hoffnungen verbunden, zumal jeder Bewerber der Ansicht ist, er komme für die vakante Position in Frage, andernfalls hätte er sich kaum beworben. Ablehnendes oder gleichgültiges Verhalten gegenüber einem Bewerber können deshalb sehr schnell als persönliche Zurückweisung empfunden werden. Damit sich der Bewerber nicht brüskiert fühlt, sollte eine negative Entscheidung nicht sofort und nicht vor anderen Personen ausgesprochen werden. Gerade weil mit einer Absage Enttäuschungen verbunden sind, sollte sie unbedingt sensibel erfolgen, auch weil der Bewerber das Unternehmen als fair und wertschätzend in Erinnerung behalten soll.

Häufig finden – insbesondere bei der Auswahl von Führungskräften auf mittleren und höheren Ebenen und hochqualifizierten Experten – ein oder mehrere **weitere Vorstellungsgespräche** statt. Phase sechs entfällt dann im ersten Gesprächsdurchlauf.

Am zweiten Interview sind in der Regel zusätzliche bzw. andere Führungskräfte beteiligt, um den bisherigen Eindruck zu verfestigen und abzurunden. Neben noch offenen Fragen auf beiden Seiten, die sich nach dem ersten Gespräch und dessen Auswertung ergeben haben, werden Entgeltverhandlungen und Verhandlungen über weitere Leistungen wie Urlaub, Dienstwagen und freiwillige Sozialleistungen geführt. Manchmal werden diese auch auf ein drittes Gespräch verschoben.

Bei Führungskräften sind oft detailliertere Verhandlungen nötig, da normalerweise nicht auf tarifvertragliche Bestimmungen zurückgegriffen werden kann. Insofern kommt hier den weiteren Gesprächen eine besondere Bedeutung zu. Da diese Verhandlungen meist sehr zeitaufwändig sind, empfiehlt es sich, sie nur mit denjenigen Bewerbern zu führen, die in die engste Wahl kommen.

Ähnlich wie im 7-Phasen-Modell geht man auch bei **multimodalen Interviews** vor, die Schuler vorschlägt,[76] sie sind allerdings stärker formalisiert. Einer allgemein gehaltenen Gesprächseröffnung, die für eine angenehme Atmosphäre sorgen soll, folgen die Selbstvorstellung des Bewerbers mit seinem beruflichen und persönlichen Werdegang und ein freies Gespräch mit einer anschließenden summarischen Beurteilung der ersten Eindrücke. Konkrete Fragen zur Biografie und den Erfahrungen des Bewerbers schließen sich an. Sie sind in der Regel standardisiert und sind damit für alle Bewerber eines Verfahrens identisch. Danach bekommt der Bewerber Informationen über das Unternehmen und die ausgeschriebene Stelle. Situative Fragen zum Verhalten in kritischen Situationen runden das Bewerbungsgespräch ab. Zum Abschluss erhält der Bewerber die Möglichkeit, selbst Fragen

[76] Vgl. ausführlich Schuler (2002); Stock-Homburg (2013), S. 182 ff.

zu stellen. Außerdem wird er über das weitere Prozedere des Bewerbungsverfahrens informiert.[77]

Es ist zweckmäßig, die Eindrücke, die man in den Gesprächen von den Bewerbern gewonnen hat, in einem **Auswertungsbogen** festzuhalten, da die Kandidaten, die in die **Endauswahl** kommen, von ihrem Profil her oft sehr ähnlich sind und weitgehend den Stellenanforderungen entsprechen. Der Überblick kann vor allem dann schnell verlorengehen, wenn mehrere Bewerbungsgespräche in enger zeitlicher Abfolge stattgefunden haben.

Ein Beispiel für einen Auswertungsbogen zeigt Abb. 6. Der Bogen wird je nach Zielgruppe **angepasst und vervollständigt**. Bei Führungskräften ist er z.B. um Kriterien für die Mitarbeiterführung zu ergänzen. Welche Bedeutung die Kriterien im Einzelfall haben, hängt von der Art der zu besetzenden Stelle ab.

---

[77] Vgl. Weuster (2012 a), S. 284 ff.; Lohaus/Habermann (2013), S. 116 ff.; Scholz (2014), S. 539.

Auswertung des Vorstellungsgesprächs
mit..**am**..............

Kriterien	**Einschätzung der Eignung** (ggf. nähere Erläuterungen als Anlage)				**Bedeutung für die Entscheidung**
	++	**+**	**-**	**- -**	
Fachwissen					
- Wissensbreite					
- Spezialwissen					
- Praxisbezug					
- weitere wichtige Aspekte - -					
Motivation für die Stelle (z.B. Interesse an der Aufgabe, Zielstrebigkeit)					
Kreativität					
Kooperationsfähigkeit					
Kontaktfähigkeit					
Teamfähigkeit					
Äußere Erscheinung					
Auftreten					
Selbständigkeit					
Ausdrucksfähigkeit					
Belastbarkeit					
Dynamik					
Vertrauenswürdigkeit					
Offenheit					

Weitere entscheidungsrelevante Kriterien: (ggf. nähere Erläuterungen als Anlage)
positiv:

negativ:

Entscheidung:	Unterschriften:

Abb. 6: Auswertungsbogen zur Beurteilung eines Vorstellungsgesprächs[78]

[78] Vgl. Jung (2017), S. 169.

4 Testverfahren

Zur Fundierung der Auswahlentscheidung können **Testverfahren** herangezogen werden. Darunter versteht man psychologisch-diagnostische Verfahren, die unter standardisierten Bedingungen stichprobenartig individuelle Reaktionen von Testpersonen ermitteln.[79] Sie sollen Rückschlüsse auf das spätere Verhalten in der Arbeitssituation ermöglichen und Bewerbermerkmale ermitteln, die sich nicht direkt und sofort beobachten lassen.

In Deutschland werden Testverfahren eher selten verwendet, nur ca. 10 Prozent der Unternehmen setzen sie regelmäßig ein, lediglich bei der Auswahl von Auszubildenden sind sie häufiger zu finden. Die Tendenz ist allerdings steigend. Im angelsächsischen Raum werden sie öfter eingesetzt.[80]

Ein Test muss drei **Anforderungen** genügen:[81]

- Die Testpersonen müssen ihr typisches Verhalten zeigen können.
- Der Test muss geeicht, erprobt und zuverlässig sein.

Die Ergebnisse müssen für das künftige Verhalten der Kandidaten in der jeweiligen beruflichen Situation Gültigkeit haben. Außerdem sind die in Abschnitt 1 genannten **methodischen Gütekriterien** zu beachten.

Des Weiteren müssen die Testverfahren die Kriterien **Standardisierung** und **Normierung** erfüllen. Unter Standardisierung versteht man, dass für jede Testperson die gleichen Bedingungen bei der Erfüllung gleicher Aufgaben gelten. Nur so können die Ergebnisse verschiedener Kandidaten miteinander verglichen werden. Ist ein Test normiert, sind quantitative Aussagen zum individuellen Leistungsniveau des Bewerbers möglich, indem seine relative Position auf einer Skala der ermittelten Testergebnisse angegeben wird.

---

[79] Vgl. Berthel/Becker (2017), S. 404.

[80] Vgl. Kolb (2010), S. 127.

[81] Vgl. Olfert (2012), S. 181.

Da Testverfahren teilweise in die Intimsphäre des Bewerbers eindringen und seine Persönlichkeitsrechte verletzen können, dürfen sie nur mit ausdrücklicher **Genehmigung** des Kandidaten angewandt werden. Der Teilnehmer muss darüber hinaus über Inhalt und Reichweite des Tests informiert werden, außerdem muss die Relevanz der Informationen für die betreffende Stelle nachgewiesen sein.

In der Praxis werden bisweilen Testverfahren angewandt, die in der Forschung längst als **überholt** gelten. Sie sind simpel und leicht verständlich, die Qualität ihrer Ergebnisse wird dabei selten hinterfragt. Zudem werden immer wieder Tests eingesetzt, die von Laien mit ungenügenden psychologischen Kenntnissen entwickelt wurden und deren **Aussagefähigkeit ebenfalls fragwürdig** ist.

Man unterscheidet insbesondere diese Tests:

- Leistungstests
- Intelligenztests
- Persönlichkeitstests

Leistungstests messen entweder allgemeine Voraussetzungen für eine Tätigkeit, etwa Konzentrationsfähigkeit und Belastbarkeit, oder sie stellen auf spezielle, stellenspezifische Qualifikationsmerkmale ab. Sie eignen sich vor allem für einfache Tätigkeiten und untersuchen meist das Verhalten in einer arbeitsähnlichen Situation. So werden z.B. sensorische oder motorische Funktionen und Rechtschreib- oder Rechenkenntnisse überprüft. Spezielle Begabungstests ermitteln beispielsweise die Fingerfertigkeit und Geschicklichkeit oder die Anzahl der richtigen Reaktionen auf optische oder akustische Signale. Auch die Reaktionsgeschwindigkeit wird oft einbezogen. Wegen ihrer begrenzten Aussagekraft werden in der Regel mehrere Tests hintereinander in **Testbatterien** durchgeführt. Die bekanntesten Verfahren sind der Aufmerksamkeitsbelastungstest (d2), der Konzentrations-Verlaufs-Test (KVT) und der Konzentrations-Leistungs-Test (KLT).[82]

---

[82] Vgl. Lorenz (1998), S. 113; Hentze/Kammel (2001), S. 308.

Intelligenztests beziehen sich auf kognitive Aspekte wie räumliches Vorstellungsvermögen, sprachliches Denkvermögen, Kombinationsfähigkeit, Merkfähigkeit und Abstraktionsvermögen. Die Tests bestehen aus einer Vielzahl ähnlicher Aufgaben, die mittels weniger kognitiver Operationen unter Zeitdruck zu lösen sind. Sie werden häufig bei der Auswahl von Auszubildenden eingesetzt. Schwierigkeiten tauchen bei Intelligenztests schon bei der Frage auf, was überhaupt unter Intelligenz zu verstehen ist. Einige wissenschaftliche Untersuchungen kommen zu dem Ergebnis, dass zwischen der Intelligenz, die in diesen Tests ermittelt wird, und dem Berufserfolg kaum ein Zusammenhang besteht. Jemand, der unter Zeitdruck besonders gut Gemeinsamkeiten zwischen Begriffen erkennen oder Zahlen addieren kann, muss deshalb später noch kein guter Finanzberater sein. Neuere Forschungsergebnisse bescheinigen Intelligenztests allerdings doch eine gute Vorhersagevalidität für den beruflichen Erfolg von kaufmännischen und technischen Angestellten.[83] Zu den bekanntesten in Deutschland verwendeten Intelligenztests zählen der Hamburg-Wechsler-Intelligenztest für Erwachsene (HAWIE) und der IST 2000.[84]

Persönlichkeitstests erfassen situationsunabhängige Grundtendenzen der Persönlichkeit einer Testperson. Sie beziehen sich auf Interessen, Einstellungen und Wahrnehmungen, die im Beruf förderlich oder hinderlich sein können, z.B. Gelassenheit, Offenheit oder Kontaktfreudigkeit. Man unterscheidet psychometrische und projektive Tests. Erstere zielen auf die quantitative Erfassung psychischer Merkmale ab, letztere versuchen, die gesamte Persönlichkeit der Testperson indirekt zu erfassen. Es müssen z.B. angefangene Geschichten zu Ende erzählt, verschwommene Bilder gedeutet oder Farben zusammengestellt werden. Man geht davon aus, dass die Testpersonen dabei ihre Ideen, Phantasien und Vorstellungen auf diese Geschichten, Bilder und Farbkombinationen übertragen. Der MBTI (Meyers-Briggs-Type-Indicator) gehört zu den bekanntesten Persönlichkeitstests. Er

---

83 Vgl. Kolb (2010), S. 128.

84 Vgl. Hentze/Kammel (2001), S. 307 f.; Kolb (2010), S. 128; Thommen/Achleitner (2012), S. 750.

ist weltweit verbreitet. Oft angewandt werden auch der 16-Persönlichkeitsfaktoren-Test (16-PF) und das Freiburger Persönlichkeits-Inventar (FPI).[85]

Neu sind sog. **Sprachanalysetests.** Sie versuchen Informationen über eine Person vor allem anhand der Sprachmelodie und verwendeter Worte zu erfassen. Auf den Inhalt des Gesagten kommt es nicht an. An der wissenschaftlichen Fundierung dieser Tests und an der Sinnhaftigkeit der Ergebnisse bestehen jedoch erhebliche wissenschaftliche Zweifel.[86]

In der **DIN-Norm 33430** zur Eignungsdiagnostik sind Standards für berufsbezogene Eignungsverfahren und Anforderungen an die Beteiligten festgelegt.[87] Die Norm besagt auch, dass Testverfahren bei der Personalauswahl nur dann eingesetzt werden dürfen, wenn alle Informationen wahrheitsgemäß und belegbar sind. Des Weiteren müssen alle Unterlagen und Ergebnisse streng vertraulich behandelt und im Fall, dass der Bewerber abgelehnt wird, vernichtet werden. Außerdem sollte sich das berufliche Profil der Tester an demjenigen von Psychologen orientieren.

In der Praxis hat sich diese DIN-Norm bei der Personalauswahl nicht durchgesetzt. Es scheint, dass sie zu umfangreich, bürokratisch und kompliziert ist, um Bedeutung zu erlangen. Darauf weist auch ihr sehr geringer Bekanntheitsgrad hin. Zudem wird der Eindruck vermittelt, dass eigentlich nur Psychologen in der Lage wären, eine sinnvolle Personalauswahl vorzunehmen.

---

[85] Vgl. Hentze/Kammel (2001), S. 309; Breisig (2005), S. 165 ff.

[86] Vgl. Schwertfeger (2015), S. 32; Hoffmeyer (2017), S. 63.

[87] Vgl. Scholz (2011), S. 215.

5 Assessment Center

5.1 Begriff und wesentliche Kennzeichen

Beim Assessment Center (AC) handelt es sich nicht um ein neues Instrument der Personalauswahl, sondern um eine Zusammenfassung und Weiterentwicklung bereits seit langer Zeit bekannter und oft seit Langem bewährter Verfahren. Diese Vielfalt soll möglichst genaue Erkenntnisse über die Eignung des Bewerbers bringen.

Praktiker schätzen die Selektionsqualität des Assessment Centers besonders hoch ein. Wissenschaftliche Analysen bestätigen diesen Eindruck weitgehend.[88] Dies gilt allerdings nur dann, wenn es von Experten erstellt wird und dabei die methodischen Gütekriterien (vgl. Abschnitt 1) eingehalten werden.

Unter einem AC versteht man ein systematisches und geplantes Verfahren zur qualifizierten Erfassung von Verhaltensleistungen und Verhaltensdefiziten durch einen Vergleich mit zuvor definierten Anforderungen. Die fachlichen Kompetenzen treten dabei in den Hintergrund.

In der Praxis werden Assessment Center oft auch als **Auswahl-, Potenzial- oder Beurteilungsseminar** bezeichnet. Tatsächlich ist der Begriff Assessment Center in den letzten Jahren sogar ziemlich unmodern geworden und unternehmensspezifische Bezeichnungen nehmen zu.[89]

ACs werden nicht nur bei der Auswahl von Fach- und Führungskräften eingesetzt, sondern können auf allen Hierarchieebenen zur Anwendung kommen.[90] Etliche Großunternehmen nutzen sie sogar bei der Auswahl ihrer Auszubildenden. Daran wird deutlich, dass ACs in erster Linie zur Erfassung von **Verhaltensmerkmalen**, die für ein

---

[88] Vgl. Funk/Nachtwei/Melchers (2015), S. 27; Klimecki/Gmür (2005), S. 248 f.

[89] Vgl. Obermann (2013), S. 19.

[90] Vgl. Jung (2017), S. 175; Horsch (2000), S. 93.

Tätigkeitsfeld von Bedeutung sind, und nicht zur Beurteilung der Fachkompetenz durchgeführt werden, die Bewerber um einen Ausbildungsplatz ja erst noch erlangen wollen.

Um Fehlerquellen, wie sie in Einzeltests auftreten können, zu eliminieren, werden beim AC verschiedene Verfahren hintereinander angewandt. Der Schwerpunkt liegt auf situativen Übungen und Simulationsübungen, die realen Vorgängen bzw. Tätigkeiten nachempfunden sind. ACs können für einzelne Stellen, für ganze Tätigkeitsfelder oder für Zielgruppen konzipiert werden. Es gibt zahlreiche erprobte Einzelübungen, die je nach Zweck des Assessment Centers recht problemlos passgenau kombiniert werden können.

Aus Kostengründen verwendet man selten ACs, die auf eine einzige bestimmte Stelle, beispielsweise die Leitung des Controllings, zugeschnitten sind. Stattdessen werden meist Übungen zusammengestellt, die sich an Tätigkeitsfeldern wie etwa dem Vertrieb oder dem Personalbereich oder an allgemeinen Führungsaufgaben orientieren. Dabei wird unterstellt, dass es Verhaltensanforderungen gibt, die für die gesamte Zielgruppe relevant sind.

In der Regel haben ACs mehrere Teilnehmer (**Probanden**), üblicherweise sind es sechs bis zwölf. Die meist drei bis sechs **Beobachter** werden auch Assessoren genannt. Ein Verhältnis von 2:1 gilt als optimal. Der Einsatz eines kompetenten **Moderators** unterstützt den reibungslosen Ablauf des Assessment Centers. Diese Aufgabe wurde früher meist von externen Psychologen wahrgenommen. In der Praxis hat sich jedoch gezeigt, dass ein **geschulter** Mitarbeiter – normalerweise aus der Personalabteilung – denselben Zweck erfüllt.

Während früher eine Dauer von drei bis fünf Tagen üblich war, werden Assessment Center heute insbesondere aus Kostengründen normalerweise auf **einen Tag** begrenzt.

Bei der Auswahl von höherrangigen Führungskräften werden häufig keine Gruppen-ACs, sondern **Einzel-Assessment-Center** mit nur einem Probanden durchgeführt. Damit soll dem Umstand Rechnung getragen werden, dass es dieser Bewerbergruppe nicht zuzumuten ist, gemeinsam mit Kollegen, die ihnen eventuell sogar bekannt sind, an einem Auswahlverfahren teilzunehmen. Es werden vor allem Indiskretionen seitens der anderen Kandidaten befürchtet. Sie könnten dazu führen, dass die Vertraulichkeit einer Bewerbung nicht gewahrt bleibt oder Verhaltensdefizite einzelner Teilnehmer öffentlich bekannt werden.

Mit dem Einzel-AC können dann allerdings keine gruppenspezifischen Verhaltensweisen, z.B. Teamfähigkeit, überprüft werden.

Neben der Bewerberauswahl werden ACs auch im Rahmen der **Personalentwicklung** eingesetzt, um so Erkenntnisse über Verhaltensdefizite der Mitarbeiter und die Notwendigkeit von Entwicklungsmaßnahmen zu gewinnen. Auch zur **Potenzialanalyse** verwendet man ACs. Es geht dann um Erkenntnisse, wie sich der Mitarbeiter fachlich und persönlich weiterentwickeln kann. Daran schließen sich oft gezielte Maßnahmen der Karriereplanung an.

ACs zeichnen sich durch verschiedene **Merkmale** aus:

- **Methodenvielfalt**: Mehrere Verfahren der Eignungsdiagnostik werden miteinander verbunden, um möglichst viele Informationen über das tätigkeitsfeldbezogene Verhalten des Bewerbers zu gewinnen.
- **Mehrfachbeurteilung**: Jeder Proband wird im Laufe des Assessment Centers mindestens einmal von jedem Assessor beobachtet und beurteilt. Auf diese Weise soll Fehlern, die durch das subjektive Urteil Einzelner entstehen können, entgegengewirkt werden.
- **Trennung von Beobachtung und Beurteilung**: Die Assessoren werden angehalten, zunächst nur zu beobachten und sich erst anschließend Gedanken über die Bedeutung des Verhaltens und dessen Beurteilung zu machen. Damit soll vermieden werden, dass ein Beobachter während einer Übung darüber nachdenkt, wie das Verhalten eines Teilnehmers zu bewerten ist. Er könnte dadurch weitere bedeutsame Verhaltensaspekte verpassen, was zu einem unvollständigen und ungenauen Urteil führen würde. Im Anschluss an die eigene Bewertung des Probanden findet eine ab-

schließende gemeinsame Beurteilung im Rahmen einer Beobachterkonferenz statt.

- **Verhaltensorientierung**: Die AC-Übungen sollen Verhaltensweisen und -defizite der Teilnehmer ermitteln. Fachspezifische Kenntnisse sind hier i.d.R. nur am Rande von Interesse. Da das Verhalten beobachtet werden soll, dürfen nur diejenigen Verhaltensmerkmale in das AC einbezogen werden, die tatsächlich beobachtbar sind. Dazu werden die tätigkeitsfeldspezifischen Verhaltensanforderungen in beobachtbare Kriterien übersetzt. Das Merkmal Ausdrucksfähigkeit kann z.B. durch diese Kriterien präzisiert werden: „Der Proband formuliert flüssig", „er verwendet optische Hilfsmittel", „er benutzt plastische Vergleiche", „er passt sich der Situation im Ausdruck an", „andere übernehmen seine Gedanken".[91]

- **Anforderungsbezogenheit**: Die Übungen werden in Art und Anzahl auf das Anforderungsprofil abgestimmt, d.h. sie werden den Anforderungen entsprechend ausgesucht und kombiniert. Aspekte, die für eine Stelle besonders bedeutend sind, werden mehrmals anhand verschiedener Übungen überprüft. Weniger bedeutsames Verhalten wird lediglich mithilfe von ein oder zwei Übungen ermittelt. Eine Verdichtung der Anforderungsmerkmale auf die wesentlichen Verhaltensweisen ist sinnvoll, da nur eine begrenzte Zeit zur Verfügung steht und die menschliche Beobachtungskapazität begrenzt ist.

- **Trainierte Assessoren**: In der Regel werden die Teilnehmer eines Assessment Centers von Führungskräften des Unternehmens beobachtet und beurteilt. Bisweilen werden externe und/oder weitere interne Beobachter, z.B. Psychologen oder Soziologen bzw. Mitarbeiter der Personalabteilung, hinzugezogen. Um Fehler bei der Beobachtung und der Beurteilung zu vermeiden, ist eine systematische Schulung der Assessoren erforderlich. Dazu gehört, dass sie den Ablauf, die Ziele und die Beobachtungsdimensionen

[91] Vgl. Jeserich (1991), S. 171.

des Auswahlverfahrens kennen und sich zuvor mit den Übungen vertraut gemacht haben. Ferner muss ihnen klar sein, welche Merkmale in den einzelnen Übungen beobachtet werden sollen und worauf nicht zu achten ist. Die strikte Trennung von Beobachtung und Beurteilung muss ebenfalls trainiert werden. Die Assessoren können Beobachtungs- und Beurteilungsfehler nur dann vermeiden, wenn ihnen diese bewusst sind.

- **Ausführliche Information der Teilnehmer**: Die Teilnehmer werden zu Beginn über den Ablauf und die Inhalte des Assessment Centers unterrichtet. So will man Vertrauen schaffen und Unsicherheit abbauen. Sie werden über seinen Zweck informiert und auch darüber, welche Verhaltensweisen beobachtet werden sollen. Dabei geht es nicht um jede einzelne Übung, sondern um einen Überblick über das AC. Weiterhin werden ihnen die Beobachter vorgestellt, außerdem setzt man die Teilnehmer darüber in Kenntnis, wie die Ergebnisse des Assessment Centers später verwendet werden.

- **Feedback**: Zu einem professionell durchgeführten AC gehört auch, dass den Bewerbern anschließend mitgeteilt wird, wie sie eingeschätzt wurden. Dabei wird ihnen anhand der Übungen und der jeweiligen Anforderungen von einem Assessor oder vom Moderator erläutert, worauf die Beurteilungsergebnisse beruhen. Eine ausführliche inhaltliche Begründung ist für die Bewerber besser nachvollziehbar und kann damit leichter akzeptiert werden als eine Pauschalbeurteilung. Vor allem bei **internen Auswahlverfahren** bedarf es einer sehr sorgfältigen Vorgehensweise und eines detaillierten Feedbacks, da sich die Bewerber, die durch die einzelnen Auswahlphasen gegangen sind, im Blickfeld ihrer Vorgesetzten und Kollegen befinden. Auch wenn sie nicht in Betracht kommen, sollen sie weiterhin geschätzte Mitarbeiter bleiben. Nur durch eine faire Auseinandersetzung mit dem Ergebnis des Assessment Centers erreicht man, dass diese Mitarbeiter motiviert bleiben und ihre bisherigen Aufgaben weiterhin gut erfüllen.

5.2 Geschichtliche Entwicklung

Assessment Center wurden zuerst vom Militär und im geheim- und nachrichtendienstlichen Bereich eingesetzt. Danach wurde die Idee von US-amerikanischen Unternehmen aufgegriffen. Erst Jahre später wurde das Verfahren im privatwirtschaftlichen und öffentlichen Bereich in anderen Ländern eingesetzt.

Bereits seit Anfang des 17. Jahrhunderts wurden in der englischen Marine bei der Auswahl der Offiziersanwärter eignungsdiagnostische Verfahren eingesetzt. Nach dem Ersten Weltkrieg wurden in Deutschland verschiedene psychologische Testverfahren kombiniert und unter der Bezeichnung „Heerespsychotechnik" bei der Auswahl von Kraftfahrern, Piloten und Funkern eingesetzt, ab 1927 auch bei den Offiziersanwärtern. In der NS-Zeit fand die Auswahl der Offiziere dann nicht mehr vorrangig anhand von objektiven Kriterien, sondern vor allem im Hinblick auf politische und parteiliche Merkmale statt. Das Verfahren wurde deshalb in Deutschland aufgegeben. Im Zweiten Weltkrieg wurden ACs verstärkt in der britischen Armee und im Commonwealth eingesetzt. In den USA wurden Assessment Center zuerst vom Geheimdienst bei der Auswahl von Agenten verwendet. Nachdem damit positive Erfahrungen gemacht wurden, übernahm die US-Armee 1943 das Verfahren. Seit 1957 kommen ACs auch bei der Bundeswehr als Auswahlinstrument für Offiziersanwärter zur Anwendung.[92]

Henry H. Murray von der Harvard University griff die Idee nach dem Zweiten Weltkrieg auf und entwickelte die Konzeption weiter. Er gilt als Vater des Assessment Centers in seiner heutigen Form und prägte auch den Begriff.[93]

Als erstes privatwirtschaftliches Unternehmen setzte der Telefonkonzern AT&T Assessment Center bereits 1956 bei der Personalauswahl

---

[92] Vgl. Eck/Jöri/Vogt (2015), S. 10 f.

[93] Vgl. ebd., S. 10.

ein. Im Anschluss an eine interne empirische Studie wurden sie dort bereits kurze Zeit später zum Standardauswahlverfahren.[94]

Seit etwa 1970 verwenden viele amerikanische Unternehmen Assessment Center routinemäßig für die Personalauswahl. Über die Tochtergesellschaften amerikanischer Konzerne fand das AC auch in anderen Ländern eine – anfangs noch langsame, dann jedoch immer raschere – Verbreitung. Heute hat es sich als gängiges Auswahlverfahren in den meisten Großunternehmen und auch in vielen mittelständischen Betrieben etabliert.

5.3 Wichtige Übungen

Die im AC eingesetzten Übungen lassen sich, wie Abb. 7 zeigt, in mehrere Hauptgruppen unterteilen.[95]

Typische AC-Übungen	
Gruppe der Übungen	**Beispiele**
▪ Einzelkämpferaufgaben ▪ Jeder gegen jeden ▪ Einer gegen den anderen ▪ Einer gegen alle ▪ Alle miteinander	▪ Postkorbübungen ▪ (führerlose) Gruppendiskussionen ▪ Rollenspiele ▪ Präsentationen ▪ Konstruktionsübungen ▪ Fallstudien, Planspiele, Selbsteinschätzungen, Interviews

Abb. 7: Systematisierung der AC-Übungen[96]

Bei **Postkorbübungen** müssen die Teilnehmer unter starkem Zeitdruck zahlreiche Informationen bearbeiten. In der Regel bekommen sie die Information, dass sie Führungskräfte seien und ihre Eingangs-

[94] Vgl. Oechsler/Paul (2015), S. 241; Eck/Jöri/Vogt (2015), S. 11.

[95] Vgl. Jung (2017), S. 176 ff.

[96] In Anlehnung an Jung (2017), S. 176 f.

post bearbeiten müssen. Diese ist weder zeitlich noch inhaltlich vorsortiert. Von einer unterschriftsreifen strategischen Entscheidung über interne Notizen, Kundenbeschwerden, Infos von Kollegen, Sitzungstermine, private Mitteilungen bis zum Reklamezettel ist alles zu finden.

Die Postkorbübung soll über das Entscheidungsverhalten des Probanden Aufschluss geben. Man will z.B. herausfinden, ob er in der Lage ist, Wichtiges von Unwichtigem zu trennen, ob er auch unter Stress planmäßig und logisch vorgehen kann und erkennt, welche Aufgaben sich delegieren lassen und welche er selbst erledigen muss.

Bei **Gruppendiskussionen** geht es darum, Informationen über die soziale Kompetenz der Teilnehmer zu erhalten. Im Mittelpunkt stehen die Beurteilungskriterien Kontakt-, Kooperations- und Durchsetzungsfähigkeit. Es können aber auch sprachliches Ausdrucksvermögen, Ausdauer, Engagement und Zielorientierung überprüft werden. Bei einer führerlosen Gruppendiskussion sind alle Teilnehmer gleichberechtigt. Im anderen Fall wird ein Diskussionsleiter bestimmt, der den Verlauf des Gesprächs steuert.

Eine Abwandlung, die selbst wiederum eine Gruppendiskussion darstellt, besteht darin, den Diskussionsleiter durch die Gruppe festlegen zu lassen. Die Themen werden meist vom Unternehmen bestimmt. Es gibt aber auch Gruppendiskussionen, bei denen die Teilnehmer das Thema anhand eines vorgegebenen Katalogs oder auch völlig frei wählen können. Die Themenwahl erfolgt dann ihrerseits wiederum als Gruppendiskussion und ist eine eigenständige vorgeschaltete Übung.

In **Rollenspielen** stellt jeder Beteiligte eine unterschiedliche Person mit individuellem Verhalten dar. Die Teilnehmer erhalten dazu in der Regel genaue schriftliche Vorgaben. Üblich sind Verkaufsgespräche oder auch Situationen, aus denen Rückschlüsse auf das Führungsverhalten gezogen werden können. So wird beispielsweise ein Mitarbeitergespräch simuliert, in dem ein Teilnehmer einen renitenten, arbeitsunwilligen Arbeitnehmer und ein anderer eine Führungskraft spielt.

Oft wird der Mitarbeiterpart von einem der Beobachter oder einem anderen Mitglied des Unternehmens übernommen. Die Teilnehmer schlüpfen dann alle in die Rolle des Vorgesetzten. Da nun jeder Proband die gleiche Rolle einnimmt und dasselbe Gegenüber hat, ist das Führungsverhalten besser vergleichbar. Zu den wesentlichen Beurteilungskriterien bei Rollenspielen gehören die Fähigkeit, sachlich zu bleiben, sowie Stresstoleranz, Sensibilität, Verantwortungsbewusstsein und die Fähigkeit, Probleme zu analysieren.

Bei einer **Präsentation** bereitet der Teilnehmer ein bestimmtes Thema – oft anhand vorgegebener Materialien – systematisch auf und trägt es anschließend vor. Sowohl die Vorbereitung als auch der Vortrag sind zeitlich begrenzt. Beurteilt werden mündlicher Ausdruck, Problemlösungsfähigkeit, Präsentationstechnik, Belastbarkeit und Überzeugungskraft. Bei der Themenwahl können daneben **fachliche Aspekte** berücksichtigt werden, was in zunehmendem Maße in der Praxis auch geschieht.

Von **Konstruktionsübungen** spricht man, wenn eine Probandengruppe eine Aufgabe – etwa die Konstruktion eines Bauwerks mit begrenzten Ressourcen – erhält oder ein logisches Problem gemeinsam strukturieren bzw. lösen muss. Ähnlich wie beim Rollenspiel und bei der Gruppendiskussion steht auch hier das Sozialverhalten der Teilnehmer im Vordergrund. Die Aufgabe muss aber durch eine gemeinsame Anstrengung gelöst werden, weshalb sich die Beobachtungen auf Teamfähigkeit, Kommunikationsfähigkeit und Konfliktverhalten der Teilnehmer konzentrieren.

Bei **Fallstudien und Planspielen** erhalten die Probanden Unterlagen zu einem praktischen, meist komplexen Problem. Diese IT-gestützten Simulationen beziehen sich normalerweise auf mehrere Perioden. Es handelt sich um längere, in der Regel mehrstündige Übungen, die häufig als Grundlage für anschließende Präsentationen und Diskussionen dienen. Dabei geht es in erster Linie um die Beurteilung der Analyse- und Problemlösungsfähigkeiten sowie des Sozialverhaltens und der Teamfähigkeit der Probanden.

In letzter Zeit werden die Übungen öfter so konzipiert, dass zur Bearbeitung und Lösung auch **fachspezifische Kenntnisse** erforderlich sind.

Bei **Selbsteinschätzungen** erhalten die Teilnehmer ein Polaritätsprofil mit Eigenschaftspaaren wie zurückhaltend/initiativ, besonnen/risikobereit oder praxis-/theorieorientiert und müssen über sich selbst ein Urteil abgeben. Mit dieser Übung will man feststellen, ob sie ein realistisches Selbstbild von sich haben und ob dieses mit der Einschätzung der Assessoren übereinstimmt.

Mithilfe von **Interviews** sollen z.B. die Erwartungen der Bewerber ermittelt werden. Des Weiteren erhält man Auskunft über Wertvorstellungen, persönliche Interessen und soziale Einstellungen. Auch fachliche Informationen können abgefragt werden. Interviews im Rahmen des ACs werden insbesondere eingesetzt, wenn das eigentliche Vorstellungsgespräch erst im Anschluss an das AC stattfindet.

Abb. 8 zeigt Beispiele für beobachtbare Anforderungskriterien. Es wird deutlich, dass mit jeder Übung mehrere Verhaltensweisen überprüft werden können. Welche jeweils relevant sind, ist im Einzelfall festzuhalten.

Präsentationen, Fallstudien, Rollenspiele und Interviews sind nach wie vor sehr beliebt. Gruppendiskussionen werden aufgrund des hohen zeitlichen Aufwands sparsamer eingesetzt als früher. Es besteht außerdem ein Trend zur vermehrten Verwendung von kognitiven Tests und von Fragebögen.[97] Hier liegt die Vermutung nahe, dass diese Übungen vor allem deshalb von den Unternehmen eingesetzt werden, weil sie kostengünstig zu erstellen und auszuwerten sind. Der Nutzen ist deshalb in Frage zu stellen.

---

[97] Vgl. Obermann (2013), S. 19.

Beispiele für beobachtbare Anforderungskriterien	
Art der Übung	**geeignet für diese Anforderungen**
Gruppendiskussion	▪ Teamfähigkeit ▪ Überzeugungsfähigkeit ▪ Belastbarkeit ▪ Zielstrebigkeit ▪ Durchsetzungsfähigkeit
Postkorbübung	▪ Delegationsfähigkeit ▪ Organisationsfähigkeit ▪ Belastbarkeit ▪ Entscheidungsfähigkeit ▪ Analysefähigkeit
Präsentation	▪ Ausdrucksfähigkeit ▪ Überzeugungsfähigkeit ▪ Belastbarkeit ▪ Organisationsfähigkeit ▪ Kreativität
Rollenspiel	▪ Durchsetzungsfähigkeit ▪ Konfliktfähigkeit ▪ Kooperationsfähigkeit ▪ Überzeugungsfähigkeit ▪ Fähigkeit, Ziele zu setzen ▪ Belastbarkeit
Fallstudie	▪ Entscheidungsfähigkeit ▪ Analysefähigkeit ▪ Problemlösungsfähigkeit ▪ Kreativität ▪ Organisationsfähigkeit

Abb. 8: Beobachtbare Anforderungskriterien im Assessment Center[98]

---

98 In Anlehnung an Horsch (2000), S. 100.

5.4 Ablauf eines Assessment Centers

Was den Ablauf eines Assessment Centers anbelangt, hat sich die Vorgehensweise bewährt, die Jeserich bereits im Jahr 1981 vorgeschlagen hat.[99] So wird normalerweise auch heute noch verfahren. Einen Überblick gibt Abb. 9.

Ablauf eines Assessment Centers

Vorbereitung	Durchführung	Abschluss und Feedback
1 Festlegen der Ziele und der Zielgruppen	**6** Training der Beobachter	**11** Abstimmung der Auswertungen unter den Assessoren
2 Beobachterauswahl	**7** Empfang der Teilnehmer, Erläuterung der Ziele und des Ablaufs	**12** Anfertigen der Gutachten und ggf. Empfehlung von Fördermaßnahmen
3 Definition des Anforderungsprofils ggf. unter Einbezug der Beobachter	**8** Bearbeiten der Übungen und Unterlagen durch die Teilnehmer	**13** Endabstimmung und Endauswahl
4 Zusammenstellung der Übungen entsprechend der Anforderungen	**9** Beobachtung von Verhalten und Leistungen der Probanden durch die Assessoren	**14** Information der Teilnehmer über die Ergebnisse
5 Information der Teilnehmer und organisatorische Vorbereitung	**10** Auswerten der Beobachtungen durch die einzelnen Assessoren	**15** ggf. Vereinbaren von Förder- und Entwicklungsmaßnahmen (nach internem AC)

Abb. 9: Vorgehensweise beim AC[100]

---

[99] Vgl. Jeserich (1981).

[100] Vgl. ebd., S. 35.

Es gibt **drei Abschnitte**, die in insgesamt **fünfzehn Schritte** gegliedert werden:

- Vorbereitung
- Durchführung
- Abschluss und Feedback

Der letzte Punkt entfällt bei externen Bewerbern, die nicht für die Stelle ausgewählt wurden.

5.5 Kritische Würdigung des Assessment Centers

Assessment Center werden in der Literatur sehr kontrovers diskutiert und werden ebenso oft in den Himmel gelobt wie verteufelt.

Als bedeutendste **Vorteile** gelten:

- Das AC verwendet verschiedenste Übungen, um das Verhalten der Teilnehmer in seinen vielfältigen Facetten zu erfassen.
- Die Tests orientieren sich an realitätsnahen, tätigkeitsspezifischen Situationen.
- Die Objektivität wird im Vergleich zu anderen Verfahren dadurch verbessert, dass es mehrere Beobachter gibt und dass jeder Proband von jedem Assessor mindestens einmal beobachtet wird.
- Die Trennung von Beobachtung und Beurteilung führt dazu, dass die Beobachter sich auf die Verhaltensweisen der Probanden konzentrieren und nicht abgelenkt werden. Durch eine Urteilsfindung im Anschluss an jede Übung wird die Genauigkeit der Urteile und damit Aussagekraft des Verfahrens erhöht.[101]
- Im abschließenden gemeinsamen Beurteilungsgespräch reflektieren die Assessoren ihre Beobachtungen und Beurteilungen und kommen so zu einer besseren Einschätzung der Teilnehmer.

---

[101] Vgl. Siquans (2005), S. 74.

- Da die Gesamtbewertung aufgrund mehrerer Urteile erfolgt, werden extreme Meinungen abgemildert.
- Der direkte Vergleich der Kandidaten erleichtert die Auswahlentscheidung.
- Das ausführliche Feedback erhöht die Akzeptanz der Entscheidung auch bei den abgelehnten Teilnehmern, da sie diese nachvollziehen können.

Als **Nachteile** sind zu nennen:

- Der zeitliche und finanzielle Aufwand für Vorbereitung, Durchführung und Abschluss des Verfahrens ist erheblich.
- Die Einzelübungen haben oft keinen Bezug zueinander und sind zu wenig am Unternehmensgeschehen ausgerichtet. Deshalb können bei den Teilnehmern kaum Handlungsstrategien, sondern nur kurzfristige Reaktionen beobachtet werden.
- Zur prognostischen Validität existieren unterschiedliche Untersuchungen mit zum Teil widersprüchlichen Ergebnissen.
- Situationsbedingte Stressreaktionen werden möglicherweise überbewertet und verzerren das Ergebnis.
- Es besteht die Gefahr, dass ein bestimmter Typus von Bewerber, der „sich gut verkaufen" kann, besonders positiv beurteilt wird, obwohl eine gute Selbstdarstellung nicht immer zu den Stellenanforderungen gehört.
- Bei der Urteilsfindung kann das Ergebnis durch Gruppendruck, dem sich einzelne Beobachter nicht entziehen können, beeinflusst werden.
- Bewerber, die bereits mehrere ACs durchlaufen oder sich gut vorbereitet haben, können die Übungen durchschauen und sich dann so verhalten, wie es von ihnen erwartet wird.
- Die Beobachtungen sind nur eine Momentaufnahme. Die Lernfähigkeit der Teilnehmer und ihre Fähigkeit neue Verhaltensweisen zu entwickeln, bleiben unberücksichtigt.

- Die weite Verbreitung des ACs legt die Vermutung nahe, dass nicht alle Assessment Center von Experten entwickelt bzw. dem Tätigkeitsfeld und dem jeweiligen Unternehmen angepasst wurden. Die Qualität dieser Laiendiagnostik ist äußerst fragwürdig.

Manche Vorwürfe lassen sich leicht entkräften. So etwa die unterstellte Möglichkeit der „Schauspielerei“ der Teilnehmer, was man ebenso als geschicktes und flexibles Verhalten auslegen kann. Denn ein Bewerber, der versteht, welche Verhaltensweise von ihm gefordert wird und dementsprechend agiert, schauspielert nicht, sondern beweist schnelle Auffassungsgabe und Einfühlungsvermögen, was später auch im Berufsalltag gefordert ist.

Es lässt sich nachweisen, dass selbstbewusste, leistungsorientierte und durchsetzungsstarke Bewerber von den Beobachtern als solche erkannt und positiver bewertet werden.[102]

Gegen den Vorwurf, gut vorbereitete Teilnehmer würden besser abschneiden, lässt sich einwenden, dass eine gute Vorbereitung nicht nur beim AC, sondern immer und grundsätzlich in allen Lebenslagen und Arbeitssituationen von Vorteil ist.

Obermann weist in seiner Studie nach, dass Assessment Center in Großunternehmen voll etabliert sind und zunehmend auch viele mittlere Unternehmen ACs verwenden. Außerdem steigt die Häufigkeit des Einsatzes an.[103] Zielgruppen sind insbesondere Nachwuchsführungskräfte und Führungskräfte. Die Personalauswahl ist nach wie vor der häufigste Anwendungsbereich. Aber auch der Einsatz von Assessment Centern zur Personalentwicklung und zur Potenzialanalyse nimmt zu.[104]

Das **dynamische Assessment Center** ist eine Weiterentwicklung des klassischen ACs. Es begegnet einigen Schwächen des Verfahrens, indem ein umfangreiches **Unternehmensplanspiel** integriert wird.

[102] Vgl. Schabel/Hossiep (2006), S. 72.

[103] Vgl. Obermann (2013), S. 19.

[104] Vgl. ebd., S. 21.

Die Probanden arbeiten dabei längere Zeit, oft mehrere Tage, gemeinsam an einer komplexen Aufgabe, z.B. der Steuerung eines Unternehmens in unterschiedlichen Wachstumsphasen.

Klassische AC-Übungen wie Rollenspiele, Mitarbeitergespräche und Präsentationen werden in das Planspiel eingebunden, wodurch das AC **lebendiger und realitätsnaher** wird. Neben Verhaltenskomponenten werden auch **fachliche Aspekte** berücksichtigt, die beim klassischen AC eher außen vor bleiben. Außerdem kann man im dynamischen Assessment Center Merkmale feststellen, die in der Regel erst nach einer längeren Beobachtungszeit für die Assessoren transparent werden, wie z.B. durchgängige **Handlungsstrategien** oder **Verhaltensflexibilität**.

Häufig werden ACs auch unter ein bestimmtes **unternehmensrelevantes Thema** gestellt. Die Kandidaten erhalten Kennzahlen, sollen Schwachstellen ermitteln, neue Erkenntnisse liefern und diese in Rollenspielen auch gleich umsetzen. Die Analyse des Potenzials der Bewerber steht im Vordergrund. Die Übungen werden passend ausgewählt. Fachspezifische Aspekte werden von Anfang an mit aufgenommen und der Einbezug von Fachwissen wird als selbstverständlich vorausgesetzt.

In letzter Zeit wird zunehmend die Prüfung **interkultureller Kompetenzen** in Assessment Center eingearbeitet. Hierbei geht es in der Regel nicht um eine konkrete Auslandsentsendung, sondern um die generelle Eignung für die Arbeit in und mit Menschen aus anderen Kulturkreisen. Sie ist in vielen Unternehmen ein fester Bestandteil des Assessment Centers geworden, wenn es um die Auswahl von Führungs- und Führungsnachwuchskräften sowie hochwertige Experten geht, die in einem internationalen Umfeld tätig sein werden.

Neuerdings kommen öfter Assessment Center zum Einsatz, die nicht in einem unternehmensnahen **Umfeld** stattfinden, sondern etwa beim Bergsteigen oder auf einem Segelboot. Bewerber schätzen zwar den damit verbundenen Freizeitwert, sind aber gegenüber den in diesem

Zusammenhang erhobenen Ergebnissen sehr skeptisch.[105] Es mangelt ihnen an Akzeptanz, da sie die Beurteilungskriterien nicht nachvollziehen können. Außerdem ist es fraglich, ob die Ergebnisse aus der **Freizeitsituation** tatsächlich eins zu eins auf die Arbeitssituation übertragbar sind.

6 Ergänzende Auswahlverfahren

Ein weiteres, allerdings weniger häufig genutztes Auswahlinstrument ist die **Arbeitsprobe**. Sie bietet einen unmittelbaren Einblick in die Leistung eines Bewerbers. Im **künstlerischen Bereich**, in der Werbebranche und generell bei kreativen Aufgaben ist eine solche Vorlage durchaus üblich. Die Veröffentlichungen eines Journalisten zählen ebenso dazu wie die Bildermappe eines Fotografen, die Kunstwerke eines Bildhauers oder die Konzepte eines Werbefachmanns.

Ansonsten sind Arbeitsproben im Handwerk verbreitet. Es geht darum, zu zeigen, dass man bestimmte Tätigkeiten mit Bezug zu den späteren Stellenaufgaben selbständig ausführen kann. Sie vermitteln dem Unternehmen einen Eindruck darüber, ob der Bewerber in der Lage ist, spezifischen Anforderungen in einer typischen Arbeitssituation gerecht zu werden.[106] Arbeitsproben sind häufig auch Bestandteil von Probearbeitstagen.

Probearbeitstage sind im **Handwerk** üblich. Ansonsten werden sie relativ selten vereinbart. Der Bewerber arbeitet einige Zeit im Unternehmen, erst danach entscheiden die Beteiligten, ob ein Arbeitsvertrag abgeschlossen wird. Das Unternehmen erhält während dieser Probearbeitstage Einblicke in das Arbeits- und Sozialverhalten und die fachlichen Fähigkeiten des Bewerbers in der stellenspezifischen Situation. Der Bewerber kann feststellen, ob er die auf ihn zukommenden Aufgaben meistern und sich in das Team integrieren kann. Der Zeitraum

---

105 Vgl. Heidenfelder (2015), C 1.

106 Vgl. Lohaus/Habermann (2013), S. 178 f.

der Probearbeitstage darf jedoch nicht zu kurz sein, ansonsten bekommt man kein realistisches Ergebnis.[107]

Auch vor der Einstellung von **Auszubildenden** werden – vor allem in mittelständischen Unternehmen – häufig Probearbeitstage vereinbart. In dieser Zeit können das Unternehmen und der Jugendliche feststellen, ob eine grundlegende Eignung und Interesse für den Ausbildungsberuf vorhanden sind.

Letztlich ist auch die **Probezeit** eine Art Arbeitsprobe, wobei der Mitarbeiter allerdings bereits eingestellt worden ist.

Eine Bestätigung, dass der Bewerber auch gesundheitlich den Stellenanforderungen gewachsen ist, stellt die **ärztliche Eignungsuntersuchung** dar. Deshalb bildet sie in vielen Fällen den Abschluss des Auswahlverfahrens. Sie setzt genaue Kenntnisse des Arztes über die Anforderungen der Arbeitssituation voraus, z.B. Anforderungen an die Sinnesorgane, Schwindelfreiheit, Lärmveträglichkeit etc. Auch bei Tätigkeiten im Ausland sind solche Untersuchungen angebracht, z.B. wenn es sich um Länder mit extremen klimatischen Bedingungen handelt. Bei Jugendlichen unter 18 Jahren ist nach dem Jugendarbeitsschutzgesetz eine solche „Tauglichkeitsbescheinigung" gesetzlich vorgeschrieben. Sie muss vor Ablauf des ersten Beschäftigungsjahres wiederholt werden.

Eine ungewöhnliche Vorgehensweise zur Bewerberauswahl findet man bei der Deutschen Bahn in Berlin. Hier wird seit einigen Jahren das „**Company Speed Dating**" eingesetzt. Vor allem BWL- und Ingenieur-Studierenden wird die Möglichkeit gegeben, sich im Acht-Minuten-Takt über das Unternehmen und freie Stellen zu informieren und sich selbst Unternehmensvertretern zu präsentieren.[108] Es läuft wie ein Speed Dating zur Partnersuche ab und ist Teil einer langfristigen Nachwuchsrekrutierungsstrategie, die mittlerweile auch bei DB-Tochterunternehmen eingesetzt wird.[109] So will man junge Leute mit

---

[107] Vgl. Rohrschneider/Lohmer (2012), S. 20.

[108] Vgl. Loll (2010), C 3.

[109] Vgl. ebd.

deren eigenen Verhaltensweisen auf sich aufmerksam machen und erhofft sich mehr Erfolg als auf traditionellen Wegen. Weitere Unternehmen haben sich diesem Trend in den letzten Jahren angeschlossen.

BASF und Zeis setzen seit einiger Zeit auf sog. **Hackathons**. Bewerber erhalten dabei eine Aufgabe, die sie durch die Entwicklung einer neuen Software lösen müssen. Diejenigen Teilnehmer, die die besten Lösungen abgegeben haben, erhalten eine Einladung zu einem Vorstellungsgespräch, manchmal auch gleich einen Einstellungsvertrag oder teilweise auch nur einen Geldbetrag.[110]

Auch online-**Spiele** werden manchmal zur Eignungsdiagnose eingesetzt. So wollen Unternehmen den Spieltrieb der Bewerber nutzen, um ihre Informationsbasis zu verbessern. Die Spiele machen Spaß und nehmen die Angst vor den Tests. Häufig ist den Bewerbern dabei jedoch nicht klar, worum es überhaupt geht und welche Eigenschaften hier bewertet werden sollen. Außerdem genügen die Spiele oft nicht den Gütekriterien der Personalauswahl.[111]

Noch sind diese Maßnahmen originell und erregen deshalb Aufmerksamkeit. Je ausgefallener die Vorgehensweisen sind, desto besser kommen sie insbesondere bei jungen Menschen an. Je mehr sie eingesetzt werden, desto uninteressanter und „gewöhnlicher“ werden sie jedoch in den Augen der potenziellen Bewerber.

7 Entscheidung und Abschluss des Arbeitsvertrags

Mit der Entscheidung für einen Bewerber ist der Auswahlprozess abgeschlossen. Kandidaten, die nicht berücksichtigt wurden, erhalten ein **Absageschreiben** und bekommen ihre Unterlagen zurück, sofern sie diese noch in Papierform eingesandt hatten. Bei der Formulierung des Absagetextes muss man bedenken, dass jeder Bewerber der Auffassung war, für die ausgeschriebene Stelle geeignet zu sein. Sich einem Auswahlprozess zu stellen, ist immer ein mutiger und bedeutsa-

---

110 Vgl. Steiner (2018), S. 25.

111 Vgl. Lemmer (2015), S. 36 ff.

mer Schritt. Entsprechend persönlich, höflich und ermunternd sollte das Absageschreiben formuliert sein. Unfreundliche Standardbriefe wirken abschreckend. Die Bewerber werden in ihrem persönlichen Umfeld über die Erfahrungen bei der Bewerberauswahl berichten. Sie selbst und andere potenzielle Bewerber werden eine (weitere) Bewerbung eventuell davon abhängig machen, wie mit den abgelehnten Kandidaten umgegangen wurde.

Das Unternehmen schadet sich also selbst, wenn es bei der Formulierung der Absage nicht sorgfältig und wertschätzend vorgeht. Unter dem Aspekt des **Personalmarketings** ist ein Absagebrief eine Art **Visitenkarte.**[112]

Bewerbungsinformationen sind grundsätzlich nach dem Ende des Bewerbungsprozesses zu löschen. Sie dürfen nur für die Dauer des Prozesses gespeichert werden. Man kann den Bewerber jedoch bitten, seine Unterlagen zur längerfristigen Speicherung in einer Bewerberdatei für mögliche spätere Stellenbesetzungen weiterhin zur Verfügung zu stellen. Die Daten müssen gelöscht werden, wenn der Bewerber der weiteren Speicherung nicht zustimmt.

Der **Abschluss des Arbeitsvertrags** bindet den neuen Mitarbeiter an das Unternehmen. Er umfasst die Rechte und Pflichten beider Vertragsparteien.

Das **Nachweisgesetz (NachwG)** verpflichtet den Arbeitgeber, innerhalb eines Monats nach Vertragsbeginn die wesentlichen Vertragsbedingungen eines Arbeitsvertrages schriftlich festzuhalten und dem Arbeitnehmer auszuhändigen. Entsprechend ist bei späteren bedeutsamen Änderungen der Vertragsbedingungen zu verfahren. Wenn der Arbeitgeber seine Nachweisverpflichtung nicht erfüllt, ist der Arbeitsvertrag jedoch trotzdem gültig zustande gekommen.

Diese **Inhalte** sind mindestens zu dokumentieren:

- Name und Anschrift der Vertragsparteien
- Zeitpunkt des Beschäftigungsbeginns

---

[112] Vgl. o.V. (2016 b), S. 54 f.

- Arbeitsort bzw. eine Erläuterung bei wechselnden Orten
- Tätigkeitsbeschreibung
- Höhe des Arbeitsentgelts und Erläuterungen zu möglichen Zuschlägen
- vereinbarte Arbeitszeit
- Umfang des Urlaubsanspruchs
- Kündigungsfristen
- Hinweise auf geltende Tarifverträge, Betriebs- oder Dienstvereinbarungen

Diese Aspekte sollten, um spätere etwaige Ansprüche auf beiden Seiten leichter nachweisen zu können, ebenfalls im Arbeitsvertrag enthalten bzw. durch ihn genauer geregelt sein:

- Vereinbarungen zur Probezeit
- Bezeichnung der Stelle, Vollmachten, Versetzungs- und Beurlaubungsvorbehalte, Verpflichtung zu Mehrarbeit
- Eingruppierung, Grundgehalt, Leistungszulage, Beteiligungen, betriebliche Altersvorsorge, Reisekostenerstattung, Regelungen zu Erfindungen und Patenten
- Regelungen zu Nebentätigkeiten, Wettbewerbsverboten, Geheimhaltungspflichten
- Schlussbestimmungen wie etwa eine Schrifterfordernis bei Vereinbarung von Änderungen und Ergänzungen
- Vertragsdatum und Unterschriften

Auch ein mündlich abgeschlossener Arbeitsvertrag ist rechtswirksam. Allerdings erleichtert die Schriftform beiden Seiten die Durchsetzung etwaiger Ansprüche, da sich die jeweiligen Absprachen auf diese Weise leichter beweisen lassen.

Werden die Rechte und Pflichten der Vertragspartner durch einen Tarifvertrag und Betriebsvereinbarungen präzisiert, kann der Einzelarbeitsvertrag entsprechend kurz gehalten werden.

Es empfiehlt sich außerdem, nicht alles im Detail zu regeln, da sonst die Möglichkeiten für Änderungen des Arbeitsverhältnisses zu stark eingeschränkt sind. Diese bewegen sich dann kaum noch im Rahmen des **Direktionsrechts** des Arbeitgebers, sondern bedürfen einer Änderungskündigung.

Arbeitsverträge können befristet oder unbefristet abgeschlossen werden. Befristete Arbeitsverhältnisse bedürfen keiner Kündigung, sondern enden mit Zeitablauf. Sie sind allerdings an bestimmte Voraussetzungen gebunden. Auch bei Dauerarbeitsverträgen kann eine Beendigung, etwa bei Erreichen des Renteneintrittsalters, festgelegt werden.

Um Fehlentscheidungen auf Arbeitgeber- und Arbeitnehmerseite korrigieren zu können, wird in der Regel eine drei- bis sechsmonatige **Probezeit** vereinbart, in der besondere Kündigungsbedingungen gelten und die normalen gesetzlichen oder vertraglichen Kündigungsschutzregeln noch nicht wirksam sind. Sofern keine anderen Vereinbarungen getroffen sind, können während der Probezeit beide Seiten mit einer Frist von zwei Wochen ohne Angabe von Gründen das Beschäftigungsverhältnis beenden.

8 Kritische Würdigung und Ausblick

Bei jedem Personalauswahlverfahren werden stets nur bestimmte Facetten des Bewerbers berücksichtigt, somit ist keines optimal. Da die Anforderungen an künftige Mitarbeiter steigen und sowohl fachliche Qualifikationsmerkmale als auch bestimmte Verhaltensweisen und soziale Kompetenzen an Bedeutung gewinnen, sollten nach Möglichkeit mehrere Verfahren kombiniert werden.

Jedoch verzichten immer mehr Unternehmen gänzlich auf Bewerbungsschreiben. Sie setzen stattdessen vermehrt auf elektronische Bewerbungsformen, zunehmend über Smartphones. Manchmal reicht auch eine Verlinkung zum Profil in den sozialen Netzwerken, etwa Xing oder LinkedIn.

Es haben sich bei den Personalauswahlinstrumenten in den letzten Jahren einige grundlegende Neuerungen ergeben.

Insbesondere wird immer mehr Software bei der Personalauswahl eingesetzt. Das spart zum einen Zeit und Kosten, zum anderen orientiert man sich damit an den Kommunikationsgewohnheiten junger Menschen.

So ist z.B. der Einsatz von **Job-Bots** und **Sprachanalysetests** auf dem Vormarsch. Problematisch ist dabei insbesondere, dass die Auswahlentscheidung von der Qualität eines Programmes abhängig gemacht wird.

„**Party-Events**“ sind eher dazu da, Aufmerksamkeit zu erregen und sind Instrumente des Employer Branding.

Nach wie vor wird der Analyse der **Bewerbungsunterlagen** und den Vorstellungsgesprächen aber eine große Bedeutung beigemessen.

Inzwischen spielt das **Internet** bei der Personalauswahl eine entscheidende Rolle. So ist die Zusendung der Bewerbungsunterlagen per **E-Mail** üblich und hat das Einreichen ausgedruckter Unterlagen fast komplett verdrängt. Vor allem größere Unternehmen arbeiten meist auch mit **Online-Personalfragebögen**. Viele Unternehmen weisen gar auf den „Karriere-Seiten“ ihrer Homepages darauf hin, dass sie nur noch Bewerbungen per E-Mail oder per Online-Personalfragebogen akzeptieren.

Bei Ablehnungen der Bewerber nach einer elektronischen Bewerbung gilt nach wie vor das Gleiche wie bei den Absagen auf traditionelle schriftliche Bewerbungen. Die Art und Weise, wie Bewerbern abgesagt wird, muss sorgfältig vom Unternehmen bedacht werden, da Absagen den Charakter von Visitenkarten haben.

Auch bei **Assessment Centern**, bei Tests und bei der Lösung von Fallstudien im Rahmen der Vorauswahl wird zunehmend das Internet eingesetzt. Allerdings gibt es dann weniger Gewähr, dass die Antworten und Lösungen tatsächlich vom Bewerber stammen. Wie in anderen Bereichen (E-Commerce, Internet Banking, studentische Prüfungsleistungen, Copyright-Vergehen, Identitätsdiebstahl etc.) führt auch hier das Internet zu vermehrten Täuschungen und Betrugsversuchen oder macht sie sogar erst möglich.

Insgesamt ist der Einsatz von ACs stabil bis leicht rückläufig. Es ist eine gewisse „Verwendungsmüdigkeit“ festzustellen. Auch die zunehmende Laiendiagnostik ist problematisch.

Aufgrund der Nachteile der ACs gibt es wieder einen **Trend zum Bewerbungsgespräch**. Regelmäßig werden **Telefoninterviews** durchgeführt, bevor Bewerber zum persönlichen Gespräch eingeladen werden. Auch **Video-Interviews**, live oder zeitversetzt, werden immer beliebter. Sie werden als kostengünstige und schnelle Vorauswahl genutzt, können jedoch die persönlichen Vorstellungsgespräche nicht komplett ersetzen.

Die **Grenzen zwischen Personalbeschaffung und -auswahl verwischen** zunehmend. Ungewöhnliche Vorgehensweisen, wie z.B. **Speed Dating, Bewerberpartys** oder **Hackathons**, erwecken Aufmerksamkeit bei jungen Menschen. Je mehr Unternehmen ähnliche Wege gehen, desto eher nutzt sich dieser Effekt ab.

9 Wiederholungsfragen

1. Nach welchen Kriterien analysieren Sie ein Bewerbungsanschreiben?
2. Erläutern Sie, was man unter Zeitfolgen- und Positionenanalyse im Lebenslauf versteht.
3. Welche Informationen lassen sich aus den Abschluss- und Ausbildungszeugnissen für den Personalauswahlprozess gewinnen?
4. Welche Pflichten hat das Unternehmen bei der Erstellung eines Arbeitszeugnisses?
5. Was versteht man unter der Zeugnissprache?
6. Inwieweit sind Referenzen für Personalauswahlentscheidungen von Interesse?
7. Welchen Stellenwert haben grafologische Gutachten bei der Personalauswahl?
8. Weshalb setzen Unternehmen Online-Fragebögen ein?
9. Welche Ziele verfolgen Unternehmen mit Vorstellungsgesprächen?
10. Welche Arten von Vorstellungsgesprächen kennen Sie?
11. Weshalb werden immer häufiger zeitlich versetzte Video-Interviews eingesetzt?
12. Nehmen Sie zum Einsatz von Sprachanalysetests Stellung.
13. Beschreiben Sie die Phasen und Inhalte eines Vorstellungsgesprächs.
14. Was unterscheidet ein standardisiertes von einem freien Vorstellungsgespräch?
15. Weshalb treten bei Vorstellungsgesprächen Validitätsdefizite auf?
16. Was versteht man unter Leistungstests?
17. Was besagt die DIN-Norm 33430?

18. Was zeichnet das Assessment Center aus?
19. Wie ist ein AC aufgebaut?
20. Welche sind die gebräuchlichsten Übungen im Assessment Center?
21. Warum ist die Schulung der Beobachter für den Erfolg des ACs von großer Bedeutung?
22. Wie kann man den Nachteilen des Assessment Centers begegnen?
23. Welche Neuerungen gibt es bei ACs?
24. Was versteht man unter Probearbeitstagen und welche Vorteile bieten sie?
25. Was sind Hackathons und wozu dienen sie bei der Personalauswahl?
26. Wie werden Speed Datings in der Personalauswahl eingesetzt?
27. Wozu dienen ärztliche Eignungsuntersuchungen im Rahmen der Personalauswahl?
28. Worauf ist bei Absageschreiben zu achten?
29. Welche Inhalte sollte ein Arbeitsvertrag mindestens enthalten?
30. Welchem Zweck dient die Probezeit?

Literatur

Achouri, C. (2007): Recruiting und Placement. Methoden und Instrumente der Personalauswahl und -platzierung, Gabler Verlag, Wiesbaden 2007.

Becker, M. (2010): Personalwirtschaft: Lehrbuch für Studium und Praxis, 10. Aufl., Schäffer-Poeschel Verlag, Stuttgart 2010.

Berthel, J., Becker, F.G. (2017): Personal-Management: Grundzüge für Konzeptionen betrieblicher Personalarbeit, 11. Aufl., Schäffer-Poeschel Verlag, Stuttgart 2017.

Biemann, T., Weckmüller, H. (2012): Methoden der Personalauswahl: Was nützt?, in: PERSONALquarterly, Heft 01/2012, S. 46-49.

Bös, N. (2017): Licht und Schatten, in: Frankfurter Allgemeine Zeitung vom 25.11.2017, S. 28.

Breisig, T. (2005): Personal. Eine Einführung aus arbeitspolitischer Perspektive, NWB Verlag, Herne, Berlin 2005.

Bröckermann, R. (2012): Personalwirtschaft. Lehr- und Übungsbuch für Human Resource Management, 6. Aufl., Schäffer-Poeschel Verlag, Stuttgart 2012.

Dincher, R. (2007): Personalwirtschaft, 3. Aufl., Forschungsstelle für Betriebsführung und Personalmanagement e.V., Neuhofen/Pf. 2007.

Eck, C. D., Jöri, H., Vogt, M. (2015): Assessment Center: Entwicklung und Anwendung – mit 57 AC-Übungen und Checklisten, Springer Verlag, Berlin Heidelberg 2015.

Faber, D. (2016): Wunsch und gelebte Praxis, in: Personalmagazin spezial, 06/16, S. 6-8.

Farin, T. (2008): Am liebsten auf Vorstandspapier, in: Frankfurter Allgemeine Zeitung vom 24.01.2008, C 5.

Funk, L., Nachtwei, J., Melchers, K. (2015): Die Kluft zwischen Wissenschaft und Praxis in der Personalauswahl, in: PERSONALquarterly, Heft 03/15, S. 26-31.

Gmür, M., Thommen, J.-P. (2011): Human Resource Management: Strategien und Instrumente für Führungskräfte und das Personalmanagement, 3. Aufl., Versus Verlag AG, Zürich 2011.

Göbel, E. (20002): Neue Institutionenökonomik, Lucius & Lucius Verlag, Stuttgart 2002.

Heidenfelder, E. (2015): Härtetest für die Bewerber, in: Frankfurter Allgemeine Zeitung vom 24.01.2015, C 1.

Hentze, J., Graf, A. (2005), Personalwirtschaftslehre 2: Personalerhaltung und Leistungsstimulation, Personalfreistellung und Personalinformationswirtschaft, 7. Aufl., Haupt Verlag, Bern, Stuttgart, Wien 2005.

Hentze, J., Kammel, A. (2001): Personalwirtschaftslehre 1: Grundlagen, Personalbedarfsermittlung, -beschaffung, -entwicklung und -einsatz, 7. Aufl., Haupt Verlag, Bern, Stuttgart, Wien 2001.

Hesse, J., Schrader, H. C. (2002): Die perfekte Bewerbungsmappe für Führungskräfte: Die besten Beispiele erfolgreicher Kandidaten, aktualisierte Ausgabe, Eichborn Verlag, Frankfurt a.M. 2002.

Hesse, J., Schrader, H. C. (2003 a): Die perfekte Bewerbungsmappe für Hochschulabsolventen, aktualisierte Ausgabe, Eichborn Verlag, Frankfurt a.M. 2003.

Hesse, J., Schrader, H. C. (2003 b): Neue Bewerbungsstrategien für Führungskräfte: Den Karrieresprung wagen, aktualisierte Ausgabe, Eichborn Verlag, Frankfurt a.M. 2003.

Hoffmeyer, M. (2017): Stimmprobe, in: Süddeutsche Zeitung vom 04.11.2017, S. 63.

Horsch, J. (2000): Personalplanung: Grundlagen, Gestaltungsempfehlungen, Praxisbeispiele, NWB Verlag, Herne, Berlin 2000.

Jeserich, W. (1981): Mitarbeiter auswählen und fördern: Assessment-Center-Verfahren, Hanser Verlag, München, Wien 1981.

Jung, H. (2011): Personalwirtschaft, 9. Aufl., Oldenbourg Verlag, München 2011.

Jung, H. (2017): Personalwirtschaft, 10. Aufl., Oldenbourg Verlag, München 2017.

Klimecki, R.G., Gmür, M. (2005): Personalmanagement: Strategien – Erfolgsbeiträge – Entwicklungsperspektiven, 3. Aufl., Lucius & Lucius Verlag, Stuttgart 2005.

Knoll, L., Dotzel, J. (1996): Personalauswahl in deutschen Unternehmen, in: Personal, Heft 07/1996, S. 348-348.

Kolb, M. (2010): Personalmanagement. Grundlagen und Praxis des Human Resource Managements, 2. Aufl., Gabler Verlag, Wiesbaden 2010.

Kreuzmann, L. (2018): Vorstellungsgespräch bei einem Bot, in: Die Zeit vom 18.01.2018, S. 65.

Lehn, B. v. (2013): Liegestütze für den Lebenslauf, in: Frankfurter Allgemeine Zeitung vom 16.02.2013, C 10.

Lemmer, R. (2012): Praktikable Lösungen sind notwendig, in: PERSONALquarterly, Heft 04/2012, S. 56 f

Lemmer, R. (2015): Spielend lernen, in: Personalmagazin, Heft 03/2015, S. 36-39.

Lohaus, D., Habermann, W. (2013): Personalauswahl im Mittelstand. Nicht die Besten sind die Besten, sondern die Geeignetsten, Oldenbourg Verlag, München 2013.

Loll, A. (2010): Acht Minuten müssen reichen, in: Frankfurter Allgemeine Zeitung vom 15.05.2010, C 3.

Lorenz, M. (1998): Erfolgreiche Personalauswahl. Vom Bewerber zum Top-Mitarbeiter, WRS-Verlag, Planegg 1998.

Maron, C. (2012): Wohlwollen, Wahrheit, Wortspiel, in: Personalmagazin, Heft 01/2012, S. 22-24.

Michel, S. (2016): An der Technik hakt es selten, in: Personalmagazin spezial, 06/2016, S. 36 f.

o.V. (2014): Personalberater rangeln um Aufträge, in: Frankfurter Allgemeine Zeitung vom 16.05.2014, S. 20.

o.V. (2016 a): Bewerbern graut vor Anschreiben, in: Frankfurter Allgemeine Zeitung vom 18.06.2016, C 1.

o.V. (2016 b): „Blabla Formschreiben", in: Personalmagazin spezial, 06/16, S. 54 f.

o.V. (2017): Vorstellungsgespräch in der Dunkelkammer, in: Frankfurter Allgemeine Zeitung vom 25.11.2017, S. 22.

o.V. (2018 a): Abschied vom Anschreiben? Firmen vereinfachen die Bewerbung, https://www.welt.de/newsticker/dpa_nt/infoline_nt/wirtschaft_nt/article178147680/Abschied-vom-Anschreiben-Firmen-vereinfachen-die-Bewerbung.html

o.V. (2018 b): Bewerbung leicht(er) gemacht: Firmen verzichten auf das Anschreiben, https://bewerbung.com/anschreiben-verzicht/

Obermann, C. (2013): Assessment Center: Entwicklung, Durchführung, Trends, 5. Aufl., Springer Gabler Verlag, Wiesbaden 2013.

Oechsler, W. A. (2011): Personal und Arbeit: Grundlagen des Human Resource Management und der Arbeitgeber-Arbeitnehmer-Beziehungen, 9. Aufl., Oldenbourg Verlag, München 2011.

Oechsler, W. A., Paul, C. (2015): Personal und Arbeit: Grundlagen des Human Resource Management und der Arbeitgeber-Arbeitnehmer-Beziehungen, 10. Aufl., De Gruyter Oldenbourg Verlag, Berlin, München, Boston 2015.

Olfert, K. (2012): Personalwirtschaft, 15. Aufl., Kiel Verlag, Ludwigshafen (Rhein) 2012.

Rohrschneider, U., Lohmer, M.-C. (2012): Ein Koffer voller Möglichkeiten, in: Personalmagazin, Heft 01/2012, S. 18-20.

Rosenstiel, L. v., Regnet, E., Domsch, M. (Hrsg.) (2003): Führung von Mitarbeitern: Handbuch für erfolgreiches Personalmanagement, 5. Aufl., Schäffer-Poeschel Verlag, Stuttgart 2003.

Rudzio, K. (2008): Wenn der Roboter die Fragen stellt, in: Die Zeit vom 23.08.2018, S. 22.

Schabel, S., Hossiep, R. (2006): Selbstdarsteller im Assessment Center, in: Personalmagazin, Heft 03/2006, S. 72 f.

Scherm, E., Süß, S. (2016): Personalmanagement, 3. Aufl., Vahlen Verlag, München 2016.

Scholz, C. (2000): Personalmanagement: Informationsorientierte und verhaltenstheoretische Grundlagen, 5. Aufl., Vahlen Verlag, München 2000.

Scholz, C. (2011): Grundzüge des Personalmanagements, Vahlen Verlag, München 2011.

Scholz, C. (2014): Personalmanagement: Informationsorientierte und verhaltenstheoretische Grundlagen, 6. Aufl., Vahlen Verlag, München 2014.

Schuler, H. (2000): Psychologische Personalauswahl: Einführung in die Berufseignungs-diagnostik, 3. Aufl., Verlag für Angewandte Psychologie, Göttingen, Bern, Toronto, Seattle 2000.

Schuler, H. (2002): Das Einstellungsinterview, Hogrefe, Göttingen 2002.

Schuler, H. (2003): Auswahl von Mitarbeitern, in: Rosenstiel, L. v., Regnet, E., Domsch, M. (Hrsg.) (2003): Führung von Mitarbeitern: Handbuch für erfolgreiches Personalmanagement, 5. Aufl., Schäffer-Poeschel Verlag, Stuttgart 2003, S. 151-182.

Schwertfeger, B. (2001): Blumen für die Neuen, in: Die Zeit vom 26.04.2001, S, 62.

Siquans, A. (2005): Erfolgsfaktoren für Assessment-Center, in: Personalmagazin, Heft 06/2005, S. 74-76.

Steiner, A. (2018): Kommt zu uns, ihr Talente!, in: Frankfurter Allgemeine Zeitung vom 07.01.2018, S. 25.

Stock-Homburg, R. (2013): Personalmanagement. Theorien – Konzepte – Instrumente, 3. Aufl., Gabler Verlag, Wiesbaden 2013.

Stopp, U. (2006): Betriebliche Personalwirtschaft, 27. Aufl., Expert Verlag, Renningen 2006.

Theissen, B., Budras, C: Kandidat ohne Eigenschaften, in: Frankfurter Allgemeine Zeitung vom 23.11.2013, C 2.

Thommen, J.-P., Achleitner, A.-K. (2012): Allgemeine Betriebswirtschaftslehre. Eine umfassende Einführung aus managementorientierter Sicht, 7. Aufl., Springer Gabler Verlag, Wiesbaden 2012.

Weber, W., Kabst, R. (1996): Personalwesen im europäischen Vergleich. Ergebnisbericht 1995. The Cranfield Project on International Strategic Human Resource Management, Paderborn 1996.

Weitzel, T. et al. (2017): Recruiting Trends 2017. Bewerbung der Zukunft. https://www. unibamberg.de/fileadmin/uni/fakultaeten/wiai_lehrstuehle/isdl/5_Bewerbung_der_ Zukunft_20170210_WEB.pdf.

Weuster, A. (2012 a): Personalauswahl I: Internationale Forschungsergebnisse zu Anforderungsprofil, Bewerbersuche, Vorauswahl, Vorstellungsgespräch und Referenzen, 3. Aufl., Springer Gabler Verlag, Wiesbaden 2012.

Weuster, A. (2012 b): Personalauswahl II: Internationale Forschungsergebnisse zu Verhalten und Merkmalen von Interviewern und Bewerbern, 3. Aufl., Springer Gabler Verlag, Wiesbaden 2012.

Stichwortverzeichnis